Ann-Sophie Griebel &
Petra Krivy

Ein Hund
aus zweiter Hand

Müller
Rüschlikon

Impressum

Titelreihengestaltung: Petra Pawletko

Einbandgestaltung: Kornelia Erlewein

Titelbild: Brita Günther   Foto Umschlagseite innen: Fotolia/smiling dog©Robert Rozbora

Bildnachweis: Mathias Balzer/pixelio.de: S. 64; Melanie Fischer: S. 94; Marko Greitschus/pixelio.de: S. 59; Brita Günther: S. 20, 24, 76; Oliver Haja/pixelio.de: S. 41, 71; Regina Kaute/pixelio.de: S. 15; Angela Knies/pixelio.de: S. 76; Petra Krivy: S. 11, 61, 85; Angelika Lanzerath: S. 74; Karl Heinz Laube/pixelio.de: S. 19, 20; Lichtbild-Austria/pixelio.de: S. 28; mainfranken97/pixelio.de: S. 38; mecc/pixelio.de: S. 46; Gerd Pfaff/pixelio.de S. 4; Oliver Pohl: S. 7, 10, 14, 16, 34, 35, 40, 45, 58, 62, 66, 67, 70, 71, 80, 83; Adolf Riess/pixelio.de: S. 36; Helmut J. Salzer/pixelio.de: S. 8, 42; Kathrin Schmalohr: S. 48; Anke Stiger/pixelio.de: S. 39; Nadine Taperla/pixelio.de: S. 64; Dr. Annette Thomée: S. 3, 6, 17, 21, 22, 27, 32, 37, 38, 43, 44, 47, 49, 51, 52, 53, 55, 56, 63, 68, 93; Elke von Thienen: S. 5, 13; Ann-Sophie Griebel: S. 4, 9, 12, 18, 23, 24, 26, 27, 29, 30, 31, 53, 54, 57, 60, 65, 72, 81, 82, 84, 85, 91, 93; Petra Keisner: S. 51, 57, 79; Stephanie Scheibel: S. 1, 33, 73, 78, 94

ISBN 978-3-275-01780-5

Copyright © 2011 by Müller Rüschlikon Verlag

Postfach 103743, 70032 Stuttgart

Ein Unternehmen der Paul Pietsch Verlage GmbH & Co. KG

Lizenznehmer der Bucheli Verlags AG, Baarerstr. 43, CH-6304 Zug

1. Auflage 2011

Sie finden uns im Internet unter **www.mueller-rueschlikon-verlag.de**

Lektorat: Claudia König

Innengestaltung: Petra Pawletko

Druck und Bindung: Graspo CZ, 76302 Zlin

Printed in Czech Republic

Inhalt

Einleitung   5

Ein »Hund aus zweiter Hand« – was bedeutet das?   6
Ein Welpe vom Züchter   8
Ein Welpe aus dem Tierschutz   9
Warum Mutter und Geschwister eine wichtige Rolle spielen   11
Ein »gestandenes Hundsbild« – mit meist unbekannter Vorgeschichte   12
Vorgeschichte und Einfluss   15
Tierschutzvermittlung von Hunden aus dem Ausland   17

Tierheim: Wartesaal oder Abstellgleis?   19
Geboten wird: Körbchen mit Familienanschluss   22
Haltungsbedingungen im Tierheim – Zwingerhaltung   23
     Nach vorn offene Außenzwinger   23
     Zwinger in einem Haus   26
     Zwingergröße   26
Biologische Grundbedürfnisse und reale Möglichkeiten   27
     Auslaufzeiten   27
     Auslaufbedingungen   29
Einer unter vielen statt »the one and only«   32
Individualität versus Arbeitsalltag   33
Qualifikation von Personal und Gassigängern   34
     Übungsmöglichkeiten für (geschulte) Gassigänger   36

Fallstricke einer Vermittlung   37
Vertrauen ist gut, Kontrolle ist besser   40
Drum prüfe, wer sich langfristig bindet   41
Probewohnen – nein, danke   42

Wer passt zu wem oder warum auch nicht?   43
Notwendige Überlegungen vor der Übernahme eines Hundes   44
     Was ein Hund täglich braucht   45
     Was kommt noch auf Sie zu?   46
Rüde oder Hündin   47
Leidiges Thema Kastration   48
     Nachteile einer Kastration gibt es viele   51
Jungspund oder Senior?   54
Vitaler Alleskönner oder gehandicaptes Sorgenkind   56
Energiegeladener Kleinhund oder gemütlicher Riese?   57

**Wir haben uns entschieden –
und was nun?**   59

Unser Hund zieht ein!   61

     Räumliche Grenzen   61

     Standort Wasser- und Futter-
     schüssel   62

     Keine privilegierten und erhöh-
     ten Liegeplätze in Haus und
     Garten   63

*Der beste Zeitpunkt der Abholung
– wann ist er?*   65

Die ersten Tage im neuen Zuhause   66

     Trainingsaufbau »Alleine
     bleiben«   66

Mit dem Fellkumpan raus in die Welt   68

     Tierarztbesuch mit dem neuen
     Hausgenossen   68

Eingewöhnungszeit: Ja oder Nein?   69

**Zum Umgang mit Second-Hand-
Hunden**   74

Der Hund lernt in erster Linie für sich selbst!   75

Hunde denken nicht wie Menschen   75

Zum Umgang mit Angst   76

     Anzeichen von Unsicherheit
     und Angst   76

     Eventuelle Ursachen für Angst-
     verhalten   77

     Mögliche Therapieansätze   77

Zum Umgang mit Aggressionen   78

     Eventuelle Ursachen für
     Aggressionsverhalten   78

     Mögliche Therapieansätze   78

Vom Umgang mit Lob und Tadel   79

     Wie wird richtig gelobt?   80

Hundliche Korrekturmaßnahmen   81

     Ammenmärchen
     »Nackenschüttler«   83

Bewährte Hilfsmittel   84

     Halti – Das Kopfhalfter für
     den Hund   84

     Die Schleppleine   86

     Der Clicker   87

     Der Maulkorb   88

     Die Hundepfeife   88

     Spielzeug   88

Ein Fallbeispiel aus der Praxis   89

Schlussbemerkung   93

Autorenportraits   94

Einleitung

Woche für Woche liest man es in den Kleinanzeigen der örtlichen Presse oder sieht es in einschlägigen Fernsehsendungen: Unzählige Hunde suchen ein neues Zuhause, eine neue Familie, eine neue Couch, auf welcher sie geliebt, geschätzt und umsorgt ihren Alltag verbringen dürfen. Nicht leicht für den suchenden Interessenten, aus diesem Angebot an hilfebellenden, an den Gitterstäben randalierenden oder traurig und verunsichert in der Ecke der Tierheimbehausung kauernden Geschöpfen den zukünftigen Familienbegleiter auszuwählen.

Das Verhalten eines »Second-Hand-Hundes« aus dem Tierschutz wird von vielen Faktoren beeinflusst. Über die Hintergründe des bisherigen Hundelebens fehlt häufig jegliche Auskunft. Lebensumstände, die ihrerseits auf die Verhaltensweisen des Hundes Auswirkungen zeigen werden und den neuen Besitzer vor spezielle Aufgaben stellen, sind weitestgehend unbekannt.

Doch auch die Abgabe eines geliebten, umsorgten, bislang behütet und verantwortungsbewusst gehaltenen und angeleiteten Familienhundes kann notwendig werden, wenn die persönlichen Lebensumstände des Besitzers zum Beispiel durch Krankheit, Verlust von Arbeitsstelle und/oder Wohnraum oder Ähnlichem eine Fortführung der Hundehaltung unmöglich machen. Eine schreckliche Situation für alle Beteiligten, aber manchmal unausweichlich!

Auf den folgenden Seiten möchten wir versuchen, Risiken und Chancen der Übernahme eines »gebrauchten« Hundes zu beleuchten. Sollten unsere Anmerkungen dazu verhelfen, dem ein oder anderen Hund und seinem Menschen den Start ins neue Familienleben zu erleichtern, so haben wir unser Ziel erreicht und würden uns darüber sehr freuen!

Ihre Ann-Sophie Griebel und Petra Krivy

Ein »Hund aus zweiter Hand« – was bedeutet das?

»Aus zweiter Hand« wird häufig etwas abwertend mit »zweitklassig« und »minderwertig« interpretiert. Hier scheint bereits etwas »abgenutzt« und, wie auch immer, verwendet oder behandelt worden zu sein, was außerhalb des eigenen Einflussbereichs lag und daher zumindest ansatzweise suspekt und zweifelhaft erscheint. Bei einer Sache wird daher das nicht mehr fabrikneue Produkt einer eingehenden Prüfung unterzogen, bevor man sich zum Erwerb entscheidet. Verständlich, nachvollziehbar und letztlich auch nicht unklug. Wer zum Beispiel einen Gebrauchtwagen kauft, dessen Vorbesitzer diesen lediglich gefahren und betankt, aber in keinerlei Hinsicht gepflegt, gewartet und mit den zusätzlich notwendigen Schmierstoffen versehen hat, der wird vermutlich nicht lange Freude am neuen alten Gefährt haben. Obwohl die Sache Auto nicht mit dem Lebewesen Hund gleichgesetzt werden darf, so zeigen sich hier Parallelen: Wer einen Hund übernimmt, der vom Vorbesitzer nur gehalten und gefüttert wurde, aber weder gepflegt, noch erzogen und mit den zusätzlich notwendigen Sozialkontakten und Reizkonfrontationen auf ein geselliges Alltagsleben vorbereitet wurde, der wird schnell die ein oder andere Problemsituation mit dem Vierbeiner durchleben müssen. Daher schrecken viele Menschen vor der Übernahme eines erwachsenen Hundes und/oder eines Tierschutzhundes generell zurück und schauen sich lieber bei einem »echten« Züchter nach einem Welpen um. Doch gilt auch hier: Augen auf beim Welpenkauf!

Auch Welpen gibt es über den Tierschutz, sogar reinrassige. Doch ob Züchter oder Tierschutz, immer gilt: Augen auf und Verstand eingeschaltet beim Welpenkauf!

Ein Welpe vom Züchter

An dieser Stelle ausführlich den Unterschied zwischen empfehlenswerten und bedenklichen Züchtern zu erklären, würde letztlich den Rahmen des Büchleins sprengen, außerdem gibt es ausreichend Hinweise in einschlägiger Literatur und im Internet zu diesem Thema. Wir wollen uns deshalb hier nur dem engagierten, verantwortungsbewussten und kontrolliert züchtenden Züchter widmen.

Ein Welpe aus einer anerkannten Zuchtstätte von einem gut geschulten, kompetenten Züchter wird sehr gut auf die Welt und das Leben darin vorbereitet. Das Hundekind durfte eine der wichtigsten Phasen seines jungen Lebens mit der Mutter und den, hoffentlich vorhandenen, Geschwistern verbringen, und der Züchter hat einiges dazu beigetragen, dass das Eingewöhnen in den neuen Sozialverband, sein Start in der zukünftigen Familie erleichtert wird. Sobald die Welpenschar sich interessiert der Umwelt zuwendet, beginnt für den Züchter ein regelrechter Fulltimejob. Nun gilt es für ihn, die Kleinen (altersgemäß angepasst!) zu fordern und zu fördern. Hierzu gehören unter anderem zum Beispiel:

- Ein Auslauf im Freien > Geräusche, Gerüche, Wind und Wetter werden erlebt
- Eine »Spielwiese« drinnen oder draußen, auf welcher die Kleinen Neues entdecken können und ihre Motorik, Sensibilität und Sensitivität trainieren
- Aufenthaltsmöglichkeit für die Hundekinder in der Nähe von Küche und Wohnzimmer, um die alltäglichen Geräusche kennenzulernen

Ein Welpe ist immer niedlich, doch nicht nur die äußere Erscheinung ist ausschlaggebend. Was hat er erlebt? Wie wurde er geprägt? Und passt sein Typ zum Alltag des Interessenten?

- Autofahrten > und diese bitte nicht nur zum Tierarzt!
- Kinder und fremde Menschen kennenzulernen
- Pfeifen, wenn es Futter gibt, um ein Rufsignal zu etablieren
- An das Halsband oder Brustgeschirr und die Leine zu gewöhnen.

Die neuen Besitzer erhalten so quasi einen »Rohdiamanten«, für dessen weitere Formung und Entwicklung sie eine große Verantwortung übernehmen.

Natürlich spielen auch die Rasse, genetische Komponenten und individuelle Charakterzüge des Welpen eine große Rolle, aber bei einem so jungen Tier hat der Besitzer ganz klare Vorteile und sehr gute Chancen, den weiteren Entwicklungsverlauf in die »richtigen« Bahnen zu lenken.

Wer das Glück hat, seinen Hund vom Welpenalter an großzuziehen, kennt ihn auch sehr gut. Dieses Kennen schafft Vertrauen zum eigenen Hund und umgekehrt, was später in manch´ unvorhergesehenen Situationen nicht zu unterschätzen ist.

Ein Welpe aus dem Tierschutz

Manchmal kommt es vor, dass auch im Tierheim oder über Tierschutzorganisationen Welpen abzugeben sind. Nicht immer ist die Mutter mit ihren Welpen zusammen, oft wurden die Hundekinder viel zu früh von ihr und den Geschwistern getrennt, was schwerwiegende Auswirkungen haben kann. Auch über den genetischen Hintergrund ist meist nicht viel bekannt, und gesundheitliche Informationen zu den Elterntieren fehlen in der Regel komplett. So ist der Welpe eine wahre »Wundertüte«, was aber gerade seinen Reiz ausmachen kann! Wer hier einen Welpen zu sich holt, muss schauen, was die Zeit mit sich bringt, beziehungsweise was später Überraschendes herauskommt! Genau dies ist aber oft der Grund, warum man immer wieder gerne einen Welpen mit unbekannter Herkunft zu sich holt!

Das spätere Aussehen ist beim Welpen kaum absehbar, was sich da physisch und psychisch entwickelt, ist für den neuen Hundebesitzer nicht immer erkennbar.

Die Möglichkeiten der Formung sind natürlich auch beim Tierschutzwelpen noch gegeben, aber der neue Besitzer sollte weder zu hohe Erwartungen haben, noch enttäuscht sein, wenn der Hund sich nicht so entwickelt, wie es erhofft wurde.

Es kann sehr gute Gründe dafür geben! Deshalb sollte versucht werden zu erfahren,

- warum die Mutterhündin im Tierheim gelandet ist,
- ob die Mutterhündin ausgesetzt oder abgegeben wurde,
- ob die Hündin ihre Welpen im ausgesetzten Zustand, also ganz alleine, bekommen hat, oder ob der Wurf im Tierheim zur Welt gekommen ist,
- in welchem körperlichen Zustand die Mutter und die eventuell schon vorhandenen Welpen bei der Ankunft gewesen sind,
- wie der Gesundheitszustand der Mutter und der Welpen ist,
- ob die Mutter sehr ängstlich ist,
- ob die Mutter vermutlich misshandelt wurde.

Durch die Erkenntnisse der Verhaltensbiologie ist bekannt, dass alles, was die Hündin während der Trächtigkeit und Säugephase als stressend und belastend empfindet, dass jegliche Störung in dieser hoch sensiblen Zeit sich

Welpen tragen auch Teile der Geschichte ihrer Vorfahren in sich. Deshalb ist es hilfreich, so viel wie möglich über ihre Herkunft zu wissen.

auf die Entwicklung der Welpen, auch pränatal, störend auswirkt. Auch können negative Faktoren ihr eigenes Verhalten verändern, was sie dann den Welpen vorlebt und was von diesen eventuell angenommen wird.

Welpen sind Rohdiamanten und sehr umsichtig zu behandeln.

Wichtig:

→ Steht die Mutter auch noch nach der Geburt der Welpen unter Stress und bellt aus Sorge, Anspannung und Angst heraus beinah den ganzen Tag, wird dies leider häufig von den Welpen übernommen, und sie neigen sehr stark dazu, sogenannte »Kläffer« zu werden. Wird dies in einem Tierheim beziehungsweise in einer Tierschutzinitiative nicht rechtzeitig erkannt, hat der neue Besitzer das Nachsehen. Daher ist die richtige Schulung von Tierschutzmitarbeitern so immens wichtig. Sie müssen in der Lage sein, die Zeichen im Verhalten des Tieres zu erkennen und zu deuten und gegenwirken zu können.

Ruhe, Sicherheit und Geborgenheit zu erhalten, besitzt für eine Mutterhündin und ihre Welpen oberste Priorität! Deshalb sollte eine junge Hundefamilie, vor allem mit einer womöglich ängstlichen Mutterhündin, nicht in einem offenen Zwinger gehalten werden – wenn überhaupt. Gerade zu den Öffnungszeiten sollte sie fernab vom Durchgangstrubel der ihr fremden Personen untergebracht sein. Selbstverständlich sollte es Besuchern nicht erlaubt sein, bei den Welpen hinein- und herauszulaufen, wie sie es möchten. Ab einem entsprechenden Alter der Welpen ist die Konfrontation mit Be-

suchern sicherlich möglich, so geschieht es im Züchterhaushalt schließlich auch. Doch sollte dies kontrolliert geschehen und nur unter Aufsicht durch geschulte Tierheimmitarbeiter. Viel kann passieren und schief laufen, ein Welpe kann getreten, unsachgemäß auf den Arm gehoben werden und herunterfallen. Scheue Welpen sind von aufdringlichen Liebkosungen vielleicht völlig überfordert, erst recht dann, wenn sich ständig große Menschenschatten über sie beugen. Für die Welpen kann dies sehr dramatische Folgen haben.

Wichtig:

→ Welpen und deren Mütter dürfen nicht als Besuchermagneten ausgenutzt werden!

Wird aber alles richtig eingehalten und der Abgabetermin auf das Wohl des Welpen und seiner Entwicklung abgestimmt, so ist überhaupt nichts Negatives gegen die Übernahme eines Welpen aus einem Tierheim zu sagen. Es gibt genügend Beispiele von Welpen, die kess und fröhlich von hier ihr Leben als Familienhund starten, bereit, die eigene Familie und die Welt zu erobern – Gott sei Dank!

Warum Mutter und Geschwister eine wichtige Rolle spielen

Durch die Mutter erhält der Welpe seine erste Nahrung, wird gepflegt und erfährt Zuwendung, doch auch die ersten Grundregeln der Erziehung vermittelt sie ihm, indem sie ihm Grenzen setzt und auf deren Einhaltung besteht. Natürlich ist hierbei nicht jede Mutter gleichermaßen geschickt und zur Mutterrolle befähigt, was ein Züchter mit jahrelanger Zuchterfahrung leicht erkennt. Manchmal kann dann eine Hunde-Tante oder -Oma mit einspringen, damit die weitere Entwicklung des Welpen nicht gefährdet ist.

Auch die Geschwister erfüllen eine wichtige Funktion, »Einzelkinder« bei Hunden hat ein Züchter nicht gern und die Ausbildung des Sozialverhaltens ist deutlich erschwert, wenn keine Brüder und Schwestern im Wurf vorhanden sind. Selbst die Geschlechterverteilung innerhalb eines Wurfes hat Einfluss auf die psychische wie physische Entwicklung des Individuums, wie Dr. Udo Gansloßer in seinem Buch »Verhaltensbiologie für Hundehalter« erläutert. Die Auseinandersetzung mit den Geschwistern fängt schon beim Kampf um die Milch, sprich den besten Platz an den Zitzen, an. Wer die meiste Milch ergattert, gedeiht sichtlich auch am besten. In der Interaktion mit Brüdern und Schwestern kann vieles ausprobiert werden, was im späteren Leben an Fähigkeiten und Fertigkeiten gebraucht wird: Kräfte werden gemessen, situative Lösungen zu verzwickten Problemstellungen werden gefunden, verschiedene Gefühle werden erlebt und mit ihnen umzugehen wird erlernt. Hier findet Lernen statt – und das ist nicht zu unterschätzen!

Mutter und Geschwister spielen eine wichtige Rolle für die Entwicklung von Welpen.

Ein »gestandenes Hundsbild« – mit meist unbekannter Vorgeschichte

Erwachsene Hunde im Tierheim oder bei Tierschutzorganisationen haben ihre ureigensten Geschichten, eine Fülle an gemachten Erfahrungen und durchgestandenen Erlebnissen, von denen sie uns wenig erzählen können. Dennoch lassen sich aufgrund ihres Verhaltens eventuell der ein oder andere Rückschluss ziehen und Vermutungen in diese oder jene Richtung anstellen. Es sind Hunde mit Vergangenheit, aufgrund ihres bisherigen Lebens entsprechend geprägt und geformt! Ein Teil ihrer Persönlichkeit, was sie so einzigartig macht. Deshalb muss der neue Besitzer eines solchen Hundes diesen erst einmal so annehmen, wie er ist. Inwiefern der Hund noch umzuformen ist, wird die Zeit dann zeigen und ist sicherlich auch vom Alter des Tieres und von der Art und Weise des Umgangs mit ihm abhängig.

> ### Wichtig:
>
> → Die Vorgeschichte eines Hundes ist nicht zu unterschätzen! Doch leider erhält man bei Tierschutzhunden selten eine lückenlose Information darüber.

Oft wird erst später deutlich, ob der ausgesuchte Vierbeiner wirklich der richtige Hund für diesen Menschen und sein alltägliches Leben ist. Und wenn es nicht so ist, wird der Hund womöglich wieder abgegeben und muss weitervermittelt werden. Das ist sehr schade für beide Seiten, und manch ein Fellkumpan wird regelrecht zum »Wanderpokal«! Dabei hätte es vielleicht doch auch anders laufen können ...

Über die Vorgeschichte der meisten erwachsenen Tierschutzhunde ist oft nicht viel zu erfahren. Und ob alles stimmt, was man erzählt bekommt, ist auch nicht sicher.

Hunde sind sensible Lebewesen und dürfen nicht aufgrund unüberlegter Kurzschlussentscheidungen zum Wanderpokal werden!

Ohne die Vorgeschichte des neuen Hausgenossen zu kennen, müssen Frauchen und Herrchen vieles ausprobieren und austesten, um zu ergründen, wie der Vierbeiner so »tickt«. Das ist für den neuen Hundebesitzer oftmals sehr schwierig, und leicht werden dabei Fehler gemacht, die ein etwaiges Fehlverhalten des Vierbeiners sogar verstärken können. Aber auch umgekehrt funktioniert die Risikokette, wenn nämlich die Wechselwirkungen in der Mensch-Hund-Beziehung sich gegenseitig beeinflussen und auch der Mensch vermehrt falsches Verhalten und unangepasste, für den Hund unverständliche Reaktionen an den Tag legt. Und manchmal stellen sich immer neue Überraschungen ein, die den frisch gebackenen Hundebesitzer überfordern.

So schwer eine Trennung auch ist und so sehr auch versucht wird, diese zu vermeiden, bei unpassender Mensch-Hund-Konstellation ist sie besser als ein eingeschränktes oder für den Hund langweiliges und unausgefülltes Leben. Viele Menschen bringen es nicht fertig, sich zum Wohle des Tieres von ihm zu trennen. Das Festhalten am Status quo, sei er auch noch so problematisch, basiert aber nicht auf Tierliebe, sondern ist einfach Ausdruck menschlicher Schwäche. Lieber das ungute Gefühl weiter ertragen, als sich selbst einen Fehler einzugestehen. Auch die Angst, von der Tiervermittlung als »unfähig« abgestempelt zu werden, spielt eventuell eine Rolle. Nur Mut – es geht hier mindestens um zwei Leben und deren Zukunft!

Manche Tiervermittlungen und -heime arbeiten sinnvoll mit qualifizierten Tiertrainern zusammen. Das ist sicherlich ein sehr guter

Die qualifizierte Zusammenarbeit von Tierheim, Hundetrainer und zukünftigem Besitzer vermag viele Problemstellungen im Vorfeld zu verringern oder sogar zu vermeiden.

Ansatz und kann den Übergang in das neue Zuhause erheblich erleichtern, wenn hierüber eine kompetente Begleitung angeboten wird. Hat der Trainer mit dem Hund während dessen Wartezeit bis zur Vermittlung oder Ver-weildauer im Tierheim gearbeitet, so konnte er ihn und die individuellen »Macken« bereits kennenlernen und ist in der Lage, genauere Einschätzungen vorzunehmen und hilfreiche Empfehlungen auszusprechen!

Vorgeschichte und Einfluss

Die Vorgeschichte eines Hundes, seine Erlebnisse und bisherigen Erfahrungen, beeinflussen sein Verhalten und können (!) eine Erklärung sein. Doch kann und darf damit nicht alles entschuldigt werden. Eine Erklärung ist nicht gleichzeitig ein Freibrief. Fehlverhalten, auch wenn es sich aus den früheren Lebensumständen ableiten lässt, muss korrigiert und in akzeptable Bahnen gelenkt werden, zumindest sollte der Versuch gestartet werden. Betrachten wir ein einfaches Beispiel, wie früheres Leben das Hier und Jetzt beeinflusst: Über eine südeuropäische Tierschutzorganisation wird ein Hund vermittelt. Das Einzige, was von seiner Geschichte bekannt ist, ist die Tatsache, dass er auf der Straße eingefangen wurde, wo er offenbar eine längere Zeit auf sich allein gestellt gelebt hatte. Relativ ungepflegt und etwas ausgemergelt, aber ansonsten gesund und quirlig kam er nach Deutschland zu seinen neuen Besitzern. Hier raubt er der Familie fast die letzten Nerven! Alles, aber auch wirklich alles nimmt er vom Boden auf und frisst es. Auch essbare Dinge, die auf Tischen, Ablagen, der Küchenarbeitsplatte stehen und liegen, sind nicht sicher vor ihm. Mülleimer werden systematisch auseinandergenommen und der Komposthaufen im Garten wird zum bevorzugten Ausflugsziel für den vierbeinigen Neuankömmling. Die Besitzer sind ratlos. Warum tut der Hund das? Er bekommt doch ausreichend Futter und obendrein noch jede Menge Leckerlis zwischendurch. Hunger kann ihn doch nicht zu diesem Verhalten treiben?! Dieses Verhalten wird aber häufig von Hunden gezeigt, die eine geraume Zeit auf sich allein gestellt waren und für sich selbst sorgen mussten. Früher sicherte ihnen die zielgerichtete Suche nach Fressbarem das Überleben, eine Erfahrung, der sie unbeirrt folgen! Somit lässt sich erahnen, dass es keinen Sinn macht, den Hund zu bestrafen und zu maßregeln. Der Hund folgt seiner bislang gewohnten Überlebensstrategie! Dabei nimmt er auf, was ihm vor´s Maul kommt, und/oder er jagt alles, was als Beute angesehen werden kann. Er ist mit seinen Sinnen vollständig auf diese Aufgabe konzentriert – und der Mensch wird nicht beachtet, was diesen verständlicherweise maßlos frustriert!

Vergangenheit und Hundetyp prägen bestimmte Verhaltensweisen. Darüber muss sich der Interessent für einen Tierschutzhund im Klaren sein, um nicht an unliebsamen Überraschungen zu verzweifeln.

Frühere Überlebensstrategie oder »einfach nur« ein Erziehungsfehler? Beides ist möglich. Doch unterschiedliche Ursachen verlangen nach unterschiedlichen Trainingsschritten.

Kennt man die Vorgeschichte des übernommenen Hundes oder lässt sie sich aufgrund der Kenntnisse über den vorherigen Aufenthaltsort wenigstens erahnen, kann sofort zielgerichtet ein entsprechendes Training aufgenommen werden. Es geht dabei nicht hauptsächlich um das Unterbinden des Verhaltens, sondern vielmehr darum, den Hund an einen geregelten Tagesablauf mit Alternativen zu gewöhnen. Dies würde dann z.B. bedeuten, dass der Hund nicht mehr den Mülleimer nach Fressbarem durchstöbern muss, sondern schmackhafte Leckereien in seiner Futterschüssel vorfindet und von dort fressen darf. Um den Hund nicht unnütz in Versuchung zu führen, sollten in der Anfangszeit keine Verlockungen für ihn erreichbar sein und zum Klauen verleiten. Mülleimer sind wegzusperren, und auch außerhalb des Hauses wäre ein auf die Problematik abgestimmtes Training unter sachkundiger Anleitung hilfreich.

Wird das gleiche Verhalten von einem sogenannten Fundhund gezeigt, der vermutlich nicht ursprünglich abgemagert aus dem Ausland gekommen ist, wäre die Ursache eher in einem »Erziehungsfehler« und ausgeprägter Beutefang-Motivation zu sehen. Wir haben also vergleichbares Verhalten mit zwei völlig verschiedenen Hintergründen. Diese differierenden Hintergründe verlangen nach unterschiedlichen Korrekturansätzen!

Wichtig:

→ Das Wissen um den Hintergrund ermöglicht dem Besitzer, die notwendige Geduld, Konsequenz und Ausdauer in der Anleitung und Umorientierung des neuen Fellkumpans aufzubringen. Dies ist ein wichtiger Aspekt, denn nur mit diesen Fähigkeiten können alle Beteiligten zu einem beglückenden Fortschritt gelangen!

Tierschutzvermittlung von Hunden aus dem Ausland

Dieses Thema ist sehr umstritten. Allein die Frage, warum bei unseren überfüllten Tierheimen zusätzlich Hunde aus dem Ausland nach Deutschland geholt werden müssen, erhitzt die Gemüter und spaltet die Lager der Hundefreunde.

Als Tierliebhaber gönnt man **jedem** einzelnen Hund, dass er ein gutes Leben führen kann, das ist keine Frage! Aber ob es für den jeweiligen Hund wirklich ein besseres Leben wird, wenn er nach Deutschland geholt wird, muss für das einzelne Tier entschieden werden. Und das ist definitiv nicht immer der Fall.

Es kann fatale Folgen haben, wenn ein Hund aus seinem gewohnten Umfeld herausgerissen wird, um in Deutschland, manchmal direkt vom Flughafen aus, als Familienhund vermittelt zu werden.

Gerade Hunde, die frei und selbstbestimmt gelebt haben, können große Probleme haben, sich in unserer Alltagsumwelt zurechtzufinden.

Diese Hunde sind vielfach gar nicht auf ein Leben in unserer hektischen Alltagswelt vorbereitet, gnadenlos überfordert, haben selber große Probleme, sich zurechtzufinden, reagieren verunsichert, verängstigt, eventuell sogar aggressiv aufgrund der enormen Anspannung, unter der sie stehen. Vielleicht hatten sie eine Aufgabe in der alten Heimat, selbst wenn diese nur darin bestand, an kurzer Kette vor einem Haus zu liegen und sich nähernde Fremde zu melden. Vielleicht haben sie selbstbestimmt am Strand oder in Wäldern gelebt, haben mit Artgenossen Gruppen gebildet und sich durchs Leben geschlagen. Bestimmt wurden sie nicht zum Agility-Training gefahren und mussten sich auch keinen Gehorsamprüfungen unterziehen, konnten aber in Flüssen baden, in der Sonne dösen, frei über Wiesen rennen und durch Wälder streifen. Wenn es auch ein hartes Leben war, so war es ein freies Leben, mit allen Vorteilen, selbstverständlich aber auch mit allen nachteiligen Konsequenzen.

Natürlich gibt es die akuten Sorgenfälle, bei welchen eine Vermittlungsmöglichkeit ins Ausland ein großer Segen ist: Hunde in Tötungsstationen, in völlig desolaten und/oder überfüllten Tierheimen, geschundene und gequälte Geschöpfe auf der Schattenseite des Lebens. Tierschutz hat viel mit Verantwortungsbewusstsein und mit umfangreichem Wissen zu tun. Tierschutz sollte sich immer vorrangig mit der Frage beschäftigen, wie effektive Maßnahmen zur Verbesserung des Lebens der Tiere vor

Ort getroffen werden können! Häufig ist die finanzielle Unterstützung der ausländischen Tierschutzorganisationen ein sinnvollerer Tierschutz, als der massenhafte Import der vermeintlich »armen« Tiere, eine Verbringung der freiheitsgewohnten Vierbeiner in deutsche Tierheim-Zwingeranlagen. Hier muss das richtige Maß gefunden werden, individuelle Entscheidungen getroffen werden, damit der Hund ein wirklich besseres Leben in der Zukunft hat.

Was für uns aber absolut grenzwertiger, falsch verstandener und unüberlegt praktizierter Tierschutz ist, sind die Fälle von »geretteten« älteren Hunden, die frei und selbstbestimmt seit sechs, sieben oder noch mehr Jahren irgendwo lebten und sich erfolgreich durch den Alltag schlugen, um dann in deutsche Tierheime verfrachtet zu werden. Hier fristen sie oft ein häufiger mehr, als weniger langes Leben hinter Zwingergittern. Wenn sie nicht sogar gänzlich ihr Restleben dort verbringen müssen, weil die Vermittlungschancen aufgrund ihres verunsicherten Verhaltens und ihrer nicht erfolgten und kaum nachzuholenden Gewöhnung an unser hektisches Alltagsmilieu gleich Null sind! Hier haben wir es weniger mit Tierschutz im eigentlichen Sinne als vielmehr mit Profilierungsstreben unüberlegter Tierschutzaktivisten zu tun, was wir persönlich ablehnen.

Abschließend muss auch erwähnt werden, dass es durchaus und nicht wenige Fälle gibt, wo beabsichtigter Tierschutz letztlich auf gut getarnten Hundehandel hereinfällt! Dies betrifft in erster Linie die herzerweichenden Geschichten z. B. in Internetanzeigen, in welchen für »arme« Welpen, alleingelassene Junghun-

de oder »vom Leben enttäuschte« erwachsene Tiere mit mitleidsheischenden Worten nach Abnehmern gesucht wird. Sobald ein Hund für eine stattliche »Schutzgebühr« vermittelt wurde, sitzen sogleich zwei neue auf dem freigewordenen Platz! Ein lukratives Geschäft mit dem Tierschutzbestreben und dem Mitleidsempfinden weicher Hundefreundherzen.

»Armer Hund« (oder doch nur »hundemüde«)?

Tierheim:
Wartesaal oder Abstellgleis?

Stellt man die Frage, warum Hunde im Tierheim oder bei Tiervermittlungen landen, so werden viele Gründe genannt. Aber was letztlich wirklich den Ausschlag zu dieser Entscheidung gegeben hat, ist oft nur schwer bis gar nicht zu erkennen. Bei der Abgabe des Tieres wird häufig nicht die Wahrheit erzählt, und somit lässt sich der eigentliche Abgabegrund erst später im Tierheim, in der Pflegestelle oder in der neuen Familie erahnen. Doch Genaues weiß man selten.

Wenn sich Hund und Katze nicht verstehen, muss häufig einer von beiden gehen.

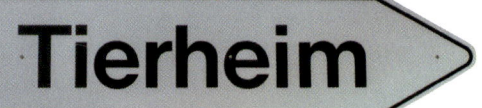

Häufig angeführte Gründe für die Abgabe eines Hundes sind:

- Berufliche Veränderung > Umzug

- Familiäre Veränderung > Geburt eines Kindes, Trennung/Scheidung

- Gesundheitliche Aspekte > Krankheit, Todesfall

- Finanzielle Aspekte > Verlust des Arbeitsplatzes, finanzielle Mehrbelastung

- Der Hund hat gebissen (meistens Kinder)

- Der Hund kann nicht alleine bleiben (wird leider nicht immer erwähnt)

- Der Hund versteht sich nicht mit dem zweiten Hund oder der Katze

In einem Tierheim verhalten sich die Hunde anders als in ihrer früheren oder auch in der zukünftigen Familie. Eine Tiervermittlung, die mit Pflegestellen arbeitet, kommt der späteren Lebenssituation und dem darin gezeigten Verhalten etwas näher. Doch auch hier kommt es wesentlich auf die Zusammenstellung des vorhandenen »künstlichen Rudels« an. Sind in der Pflegefamilie mehrere Hunde vorhanden, entsteht ein Gruppengefüge, in welchem der einzelne Hund ein ganz anderes Verhalten zeigt, als das, was er nach gelungener Vermittlung dann als Einzelhund an den Tag legt. Deshalb ist es durchaus möglich, dass der Hund im neuen Zuhause Verhaltensauffälligkeiten zeigt, die der Pflegeperson auf der Pflegestelle niemals aufgefallen sind. Der neue Besitzer fühlt sich dann leicht nicht ernst genommen und mit seinen Problemen alleingelassen, denn die bisherigen »Pflegeeltern« haben seinen Hund so, wie er ihn beschreibt, nicht erlebt und können das Geschilderte vielleicht auch gar nicht nachvollziehen. Nicht immer sind die Ansprechpartner auf den Pflegestellen gut geschult in Hundeverhalten. Sie bieten ehrenamtliches

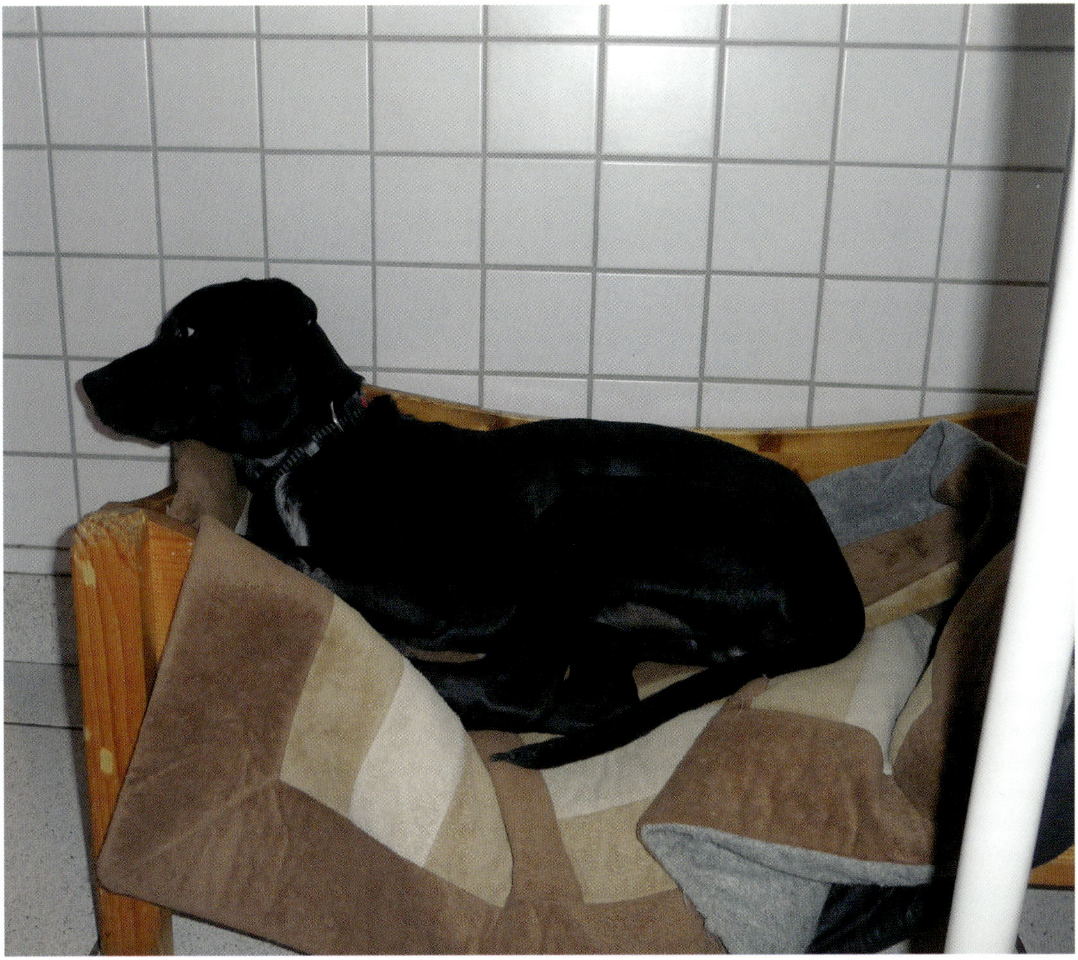

Die Unterbringung im Tierheim ist bestimmt nicht so heimelig und gemütlich wie ein kuscheliges Wohnzimmer, doch zweckmäßig und den Notwendigkeiten angepasst.

Engagement, worüber die Tierschutzorganisationen heilfroh sind. Schließlich erklären sich hier Menschen bereit, fremde Hunde für eine Zeit bei sich zu beherbergen und sich ihrer anzunehmen. Das allein ist schon eine große Leistung, so dass nicht weitergehende Ansprüche an diese hilfsbereiten Menschen gestellt werden können und dürfen. Andererseits wäre eine intensivere Hilfestellung, Fortbildung und Unterstützung dieser Personen durch die Tierschutzorganisation sicherlich zu organisieren und letztlich allen Beteiligten dienlich!

21

Geboten wird: Körbchen mit Familienanschluss

Zum Glück möchten viele Menschen einem Hund eine neue Chance geben, das ist absolut erfreulich und bemerkenswert!

Leider haben aber einige Menschen eine völlig falsche Einstellung zum Tierschutzhund. Der Hund wird wie ein Experiment betrachtet; »funktioniert« es nicht, passen die mit der Übernahme ebenfalls anfallenden Aufgaben doch nicht in den Alltagsablauf oder gefällt der Hund mit seinem Verhalten plötzlich doch nicht (mehr), kann er ja einfach wieder zurückgegeben werden. Experiment misslungen!

Diese Menschen haben sich vorher offenbar kaum Gedanken darüber gemacht, wie das Zusammenleben und die jahrelang andauernde Verantwortung gestaltet werden müssen. Schrecklich, aber leider oft Tatsache! Das Thema »Tieranschaffung« wurde als emotionale Spontanaktion gleich in die Tat umgesetzt. Den Hund erst einmal kennenzulernen und sich ausreichend zu informieren, kam wenig bis gar nicht in Betracht. Das Geld spielt auch keine Rolle, Hauptsache, der Hund kann wieder zurückgebracht werden.

Achtung:
Die Aufnahme eines Hundes aus zweiter Hand bedeutet Verantwortung!

Wenn man nach dem Kennenlernen, einer eingehenden Beratung und umfassenden Überlegungen im gesamten Familienkreis immer noch davon überzeugt ist, den »richtigen« Hund im Tierheim gefunden zu haben, muss man sich weiter die Frage stellen, ob bei aller Motivation auch die Bereitschaft aufgebracht werden kann, die Vorgeschichte, die vom Hund mitgebracht wird und ihn beeinflusst, auch anzunehmen. Es wird nicht alles geändert werden können, und mit manchem Verhalten muss der neue Besitzer einfach zu leben lernen müssen.

Das dabei viel mehr Zeit und Geduld als gedacht zu investieren ist, darf einen nicht aus dem Konzept bringen. Wer bereit ist, die Hürden, die kommen mögen, zu meistern, der erhält die Chance, einen enormen Gewinn an Zuneigung und die Erarbeitung einer großartigen Bindung zueinander erleben zu dürfen. Das macht vieles wieder gut, außergewöhnlich und am Ende sehr wertvoll! Und genau diese Erfahrung führt dazu, dass Hundefreunde immer wieder gern einen vierbeinigen Partner aus zweiter Hand zu sich nehmen.

Ein gemütlicher Ruheplatz, gern geteilt mit einem guten Freund – ein in Erfüllung gegangener Traum für einen Tierschutzhund.

Haltungsbedingungen im Tierheim – Zwingerhaltung

Die Haltungsbedingungen sind zwar unterschiedlich, aber am häufigsten anzutreffen ist die Zwingerhaltung. Hierbei gibt es verschiedene Aufbauten, die sich aber allesamt an den Vorgaben des Tierschutzgesetzes zu orientieren haben. Verständlich ist, dass alte Tierheimanlagen noch andere Gestaltungsgrundrisse vorweisen als moderne, nach neuesten Erkenntnissen der Verhaltensforschung und mit allerlei technischen Raffinessen konzipierte.

Nach vorn offene Außenzwinger

Der Zwinger hat drei blickdichte Wände und zur vorderen Seite eine Vergitterung. Oft ermöglicht eine Klappe im hinteren Bereich den »Bewohnern« den Rückzug in einen Auslauf oder in ein separates Abteil. Diese Klappe kann von den Tierheimmitarbeitern auch genutzt werden, wenn der oder die Hund/e beim Säubern des Zwingers umplatziert werden müssen. Zwinger sollten in der Winterzeit beheizt wer-

den können. Bedenken Sie, was für ein Schock es für einen im Hause gehaltenen Familienhund ist, wenn er jetzt »weggesperrt« draußen im Kalten sitzt! Das alleine muss er erst einmal verkraften! Dieser Umstand ist bitte auch bei der Suche nach einer geeigneten Hundepension zu beachten!

Vorsicht: Risikofaktoren

Führt der Weg der Besucher an der Gitterfront vorbei, kann das für die eingeschlossenen Hunde zu einer großen Stressbelastung führen. Ist es dem Hund nicht möglich, sich innerhalb seines Zwingers zurückzuziehen und der Belastung auszuweichen, so sollte zumindest ein ausreichender Abstand von außen zur Gitterfront eingerichtet werden.

Es gibt aber Hunde, denen auch Abstand nicht ausreicht. Hier sollte die Möglichkeit geschaffen werden, dass das Tier, gerade in der Eingewöhnungsphase, sich in einem abgelegenen Zwinger aufhalten kann.

Nach vorn offene Außenzwinger begünstigen unter Umständen den Stresspegel des Bewohners.

Die psychische Belastung des Tierheimaufenthaltes und des Zwingerlebens verhindern oft ein »Zeigen von der guten Seite« des Hundes.

Das Auftauchen eines Menschen direkt vor dem Zwinger, kommt für den Hund sehr plötzlich, da er ja nicht »um die Ecke« schauen und den Besucher herannahen sehen kann. Der nun unmittelbar nah und aufrecht stehende Mensch wirkt allein schon von seiner Körpersprache her erschreckend auf den Hund. Wenn dies negativ auf den Vierbeiner einwirkt, so reagiert er entweder mit Rückzug oder, eventuell bellend und/oder knurrend, mit einer Attacke nach vorne getreu dem Motto: »Angriff ist die beste Verteidigung!« Verständlich und nachvollziehbar, dass ein Tier unter diesen Umständen nicht in der Lage ist, sich von seiner besten Seite zu zeigen!

Tipps

Bei ängstlichen Hunden empfiehlt es sich, sich selbst kleiner zu machen, indem man in die Hocke geht und den Körper seitlich zum Tier abzudrehen. Ähnlich geschieht es auch bei »normalen« Hundebegegnungen unter Artgenossen, so ist dieses Verhalten für den Hund besser einschätzbar. Auch sollte jegliches Anstarren des Fellknäuels vermieden werden, sei es auch noch so freundlich gemeint und einer

herzlichen Begeisterung entspringen. Ängstliche Hunde fühlen sich dadurch bedroht, zur Aggression neigende Exemplare eventuell provoziert. Haben Sie Geduld, und warten Sie ab! Falls nicht ununterbrochener Trubel herrscht, was eh´ ein ungünstiger Zeitpunkt wäre, um zu einer Einschätzung zu finden, wird sich bald zeigen, inwiefern der Hund in der Lage ist, sich zu beruhigen, sich zu öffnen und seine Neugierde siegen zu lassen. Eine sehr gute Übung, die auch durchaus Aussagekraft besitzt!

Der »innerbetriebliche« Stress wird eventuell noch intensiviert, wenn Gassigänger oder Tierheimpersonal mit anderen Tierheimhunden, womöglich noch mehrmals täglich, genau an den Zwingern entlanglaufen.

Mit dem Leben »hinter Gittern« kommen Hunde unterschiedlich gut zurecht.

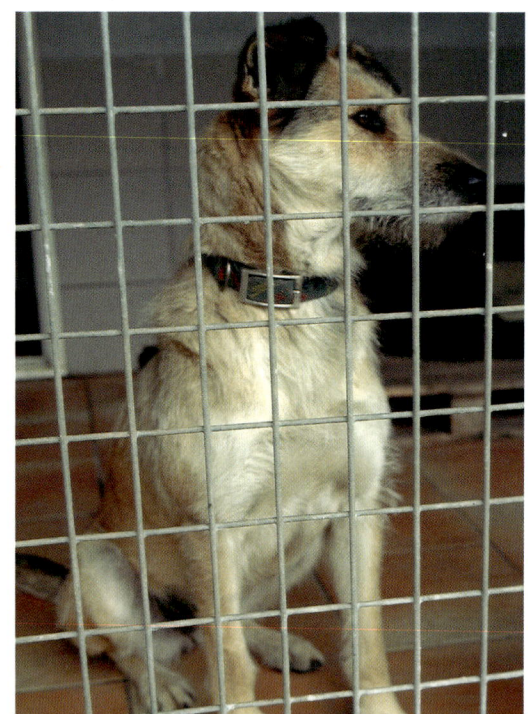

Für Hunde, die lernen sollen, sich bei Hundebegegnungen ruhig an der Leine zu verhalten, erbringt jedes Vorbeigehen einen Rückschritt. Natürlich gilt das Gleiche auch für den im Zwinger gehaltenen Hund.

Ein großer Vorteil wäre, wenn die Wege und Tore nicht genau vor den Zwingergittern entlangführen würden, sondern etwas Abstand eingehalten werden könnte. Auch das Aufstellen von mobilen Sichtschutzwänden, die bei Bedarf wie benötigt platziert werden können, sind hilfreich. Wenn der Mensch dabei auch noch zwischen den Hunden läuft, bekommen die Hunde eine verdient bessere Chance.

Natürlich bleibt noch immer die akustische und olfaktorische Information, dass in entsprechender Entfernung ein Artgenosse passiert. Alles lässt sich nicht vermeiden, aber zumindest das Mögliche sollte umgesetzt werden!

Auch die Hunde brauchen Hilfe, damit sie lernen können, besser mit den Stresssituationen umzugehen. Das ist praktische Hilfe zur Selbsthilfe!

Was unbedingt zu vermeiden ist

- **Gegen die Gitterstäbe klopfen, um die Aufmerksamkeit des Hundes zu erreichen**
  Hat der Hund nach freundlicher Ansprache keine Lust näher heran zu kommen, sollte dies akzeptiert werden. Möchte man ihn gerne näher kennenlernen, muss man sich einfach beim Personal melden.

- **Lärmende Kinder vor den Zwingergittern, die herumhüpfen oder herumrennen**
  Kinder können sich sehr wohl leise, rücksichtsvoll und verständig verhalten, wenn

man ihnen vor dem Besuch im Tierheim erklärt hat, warum dies wichtig ist. Hier ist vorausschauendes und umsichtiges Handeln der Eltern gefragt. Auch für die Kinder ist es eine gute Übung, ihnen ein Bewusstsein für diese Situation zuzutrauen und sie mit Verantwortung mittendrin dabei zu haben, als außen vor!

- **Finger und sogar ganze Hände zwischen die Gitterstäbe durchstecken**
  Und dies gilt für erwachsene Personen genauso wie für Kinder! Die Erwachsenen dürfen nicht vergessen, dass sie als Vorbilder für ihre Kinder auftreten. Auf keinen Fall darf ein Risiko eingegangen werden. Es ist immer zuerst das Tierheimpersonal zu fragen, wenn der Wunsch nach engerer Kontaktaufnahme zu einem Tier besteht. Diese entscheiden fachkundig, ob und wie das möglich ist. Ein Hund, gerade in dieser Ausnahmesituation, kann schnell und überraschend zubeißen, das darf nicht unterschätzt werden! Nicht nur, dass ein Biss für den Menschen schlimm ist, es ist auch eine sehr üble Verhaltenserfahrung für den Hund, der oft praktisch durch Unwissenheit dazu gereizt wurde, zuzubeißen. Und dabei wurde die Reaktion nicht alleine durch den Menschen, der gebissen wurde, herbeigeführt, sondern durch die Verkettung stressiger Umstände während des Aufenthalts im Tierheim. Eine womöglich nachhaltige, sehr negative Lernerfahrung! Die Beißhemmung dem Menschen gegenüber, sollte der Hund nicht verlieren, verlieren können oder sogar verlieren »müssen«.

● **Besucher, die ihren eigenen Hund entlang der Zwinger mitführen**

Wenn dieser dann auch noch anfängt zu bellen oder provokativ gegen die Zwinger markieren und scharren darf – oje!

Der eigene Hund muss überhaupt nicht mitlaufen, das ist nur unnötiger Stress für beide Seiten! Wenn man einen Zweithund sucht, muss die Zusammenführung sowieso in ruhiger Atmosphäre stattfinden, zum Beispiel auf einem gemeinsamen Kennenlern-Spaziergang außerhalb des Heimgeländes.

Zwinger in einem Haus

Viele Tierheime haben Innenzwinger, wo der Durchgang für die Besucher in der Mitte hindurch verläuft. Teilweise gibt es auch einen, zumindest kleinen, Auslauf je Zwinger.

Im Prinzip gilt hier das Gleiche wie bei den Außenzwingern, aber es kommt noch eine extreme Geräuschbelastung für die Hunde hinzu. Aus verschiedenen Ecken bellt und winselt es, es ist laut und hallt ziemlich zwischen den

Ein Zwingerhaus, bei welchem der eigentliche Aufenthaltsraum für den Hund im Inneren liegt und nach außen nur ein kleiner Auslauf liegt.

Wänden, was den Stress insgesamt noch intensiviert.

Durch die Kacheln an den Wänden ist es oft kühl, was Vor- und Nachteile hat. Doch sind die Haltungsbedingungen in Räumen, welche wie ein Wohnzimmer gestaltet sind, nicht so vorteilhaft, wie sich viele denken mögen. Lernen und lieben es die Hunde hier, sich auf ein Sofa oder einen Sessel zu legen, werden sie dies auch im neuen Zuhause machen. Egal, ob sie sauber und trocken oder schmutzig und nass sind! Und manch´ ein Kandidat leitet sich vom bevorzugten Liegeplatz auch Privilegien ab, die ihm nicht unbedingt zustehen sollten und die Mensch-Hund-Beziehung nachteilig beeinflussen könnten! Wenn »Wohnzimmer-Style«, dann bitte ohne Sofa und Sessel, sondern lieber mit klar erkennbaren Hundebetten. Somit gibt es im neuen Zuhause weniger Streitpunkte, das ist es alle Male wert!

Zwingergröße

Die Mindestgröße eines Zwingers gibt das Tierschutzgesetz vor. Je nach räumlicher Möglichkeit unterscheidet sie sich aber von Tierheim zu Tierheim. Die Einteilung der Hunde erfolgt nach Körpergröße, aber auch nach Einzel- oder Gruppenhaltung.

Leider fällt die Entscheidung viel zu oft auf Einzelhaltung. Aufgrund fehlender Kenntnisse und Erfahrungen trauen sich viele Mitarbeiter einfach nicht, eine Gruppenhaltung aufzubauen. Die Aussage, dass die Zeit dafür fehlt, ist oft zu hören und – leider! – nicht immer eine Ausrede. Das ist sehr schade und beschneidet viele Möglichkeiten für die Hunde und ihr Sozialverhalten.

Biologische Grundbedürfnisse und reale Möglichkeiten

Hunde sind aktive, aufgeweckte Lebewesen mit ausgezeichneten Sinnesleistungen. Das bedeutet, dass körperliche und geistige Auslastung für sie biologische Grundbedürfnisse sind! Im Tierheim ist es mit dem Stillen dieser Bedürfnisse eine Sache für sich. Letztlich fehlen Zeit, Helfer, Räumlichkeiten und Möglichkeiten, um all das zu leisten, was Psyche und Physis eigentlich bräuchten. Tierheimmitarbeitern kann daraus nicht immer ein Vorwurf gemacht werden, sie haben neben der Grundversorgung aller tierischen Bewohner auch noch den gesamten »Papierkrieg« zu bewältigen. So kann Auslauf nur im geringeren Rahmen angeboten werden, geistige Auslastung bleibt oft komplett auf der Strecke. Auslaufbedingungen und Auslaufzeiten sagen aber viel über eventuellen Stress und dadurch entstehende Verhaltensauffälligkeiten eines Hundes aus.

Schön, wenn Hunde im Auslauf auch in Gesellschaft sein können.

Viele biologische Grundbedürfnisse können im Tierheimalltag nicht erfüllt werden. Verständlicherweise hat der Hund Nachholbedarf und genießt alle Möglichkeiten, wenn er ein neues Zuhause gefunden hat.

Auslaufzeiten

Durch zu wenig Personal und sehr viel Arbeit kommen auch schon mal die Auslaufzeiten zu kurz. Außerdem muss unter anderem auch auf Öffnungszeiten Rücksicht genommen werden. Ist das Tierheim geöffnet, sollten die Hunde in ihren Zwingern sein, damit sie gesehen und vermittelt werden können. Aber es ist immer

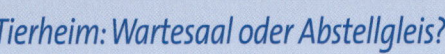
wieder zu beobachten, dass sich Besucher länger und lieber vor einem Freilauf aufhalten, wo sie mehrere Hunde gleichzeitig im Spiel miteinander sehen können oder wo sich Hunde mit irgendwelchen Gegenständen beschäftigen und Aktion zeigen, als dort, wo Hunde traurig blickend oder aufgebracht bellend im Zwinger sitzen, stehen, liegen oder randalieren. Vielleicht ist es einfach der damit verbundene Arbeitsaufwand oder der fehlende Fachpersonalanteil, der davon abhält, derartigen Freilauf anzubieten. Bedauerlich ist es allemal.

Hunde lernen schon im Welpenalter, dass der Wohnraum zur Höhle gehört und nicht mit Kot und Urin zu beschmutzen ist. Dafür geht man aus dem Haus oder aus der Wohnung heraus. So sollte es sein. Der Hund hatte früher hierfür vielleicht seine festen Zeiten und hat sich darauf eingestellt. Im Tierheim muss er sich nun umstellen, und das ist je nach Häufigkeit der Auslaufzeiten nicht leicht.

Ist der Hund stubenrein gewesen, wird es jetzt sehr schlimm für ihn, wenn er seine »Höhle«, hier einen Zwinger, beschmutzen **muss**! Vorher machte er sich meistens irgendwie bemerkbar oder spekulierte auf die üblichen, ihm vertrauten Ausgehzeiten. Doch was macht er jetzt in seiner Not? Entweder löst er sich im Zwinger oder er leidet vor sich hin und wartet auf den nächsten Ausgang. So kann er sich dann vielleicht auch nicht auf eventuelle Interessenten fröhlich einlassen.

Das Problem lässt sich umgehen, wenn ein kleiner Auslauf in den jeweiligen Zwingern integriert ist. Das funktioniert aber nur dann sehr gut, wenn ein deutlicher Unterschied zwischen

Die Suche nach dem »Toilettenbaum« gestaltet sich für Tierheimhunde oft schwierig und führt nicht selten zu späteren Problemen mit der Stubenreinheit.

Zwinger und Auslauf vorhanden ist, was zum Beispiel bei einem gefliesten Auslauf nicht der Fall ist. Andernfalls besteht das Risiko einer erlernten Unsauberkeit des Hundes!
Doch auch ein integrierter Auslauf birgt Nachteile. Die Hunde haben keine geregelten Zeiten mehr, sondern sie können ihr Geschäft jederzeit erledigen. Dies später wieder umzustellen, ist aber viel weniger problematisch, als einen Hund grundsätzlich wieder stubenrein zu bekommen.

Vorsicht: Risikofaktoren

Ehemals stubenreine Hunde werden eventuell durch die Umstände im Tierheim zur Unsauberkeit verleitet. Und vermittelte Tiere, die nicht mehr stubenrein sind, werden leider viel zu oft wieder zurückgegeben!.
Eigentlich stubenreine Hunde, die sich nicht mehr wie gewohnt auf Spaziergängen lösen können, entwickeln eventuell eine Kot- und

Harnabsatzproblematik, die gesundheitlich bedenklich werden kann!

Ein Hund, der aus einer Zwingerhaltung ins Haus kommt, wird beim (erneuten!) Erlernen der Stubenreinheit eher den Unterschied zwischen Wohnraum und draußen verstehen. Dagegen wird ein Hund, der seine Notdurft ständig in Räumen erledigen musste, es nicht einfach haben. Ein wirklicher Unterschied ist für ihn nicht sichtlich vorhanden.

Dies kann übrigens auch nach dem Aufenthalt in einer Hundepension passieren, wenn der Hund ausschließlich in einer Art »Wohnräumen« ohne Auslauf gehalten wurde.

Auslaufbedingungen

Grundstücke von Tierschutzorganisationen sind häufig flächenmäßig recht klein für all die Bewohner, die es beherbergen muss. Eine separate Auslauffläche, womöglich mit unterschiedlicher Geländestruktur, bleibt deshalb für viele Heimleiter ein unerfüllbarer Wunschtraum. So bleibt oft nur der Auslauf vor den Zwingern, was bei den Tieren im Laufe der Zeit zu einem konditionierten Stress führt, der immer dann automatisch eintritt, wenn einer der Hunde im Freilauf ist. Dabei ist es egal, ob der freilaufende Hund den »Eingesperrten« belästigt oder nicht.

Vorsicht: Stressfaktoren

● **Wenn von außen an die Gitterstäbe des Zwingers eines anderen markiert wird**

Der Zwinger ist das Revier des dort eingeschlossenen Hundes. Nimmt einer der anderen es von außen durch das Urinieren »in Besitzt«, bedeutet dies einen offenen Affront! Wie kann der Insasse seinen »Besitz« verteidigen? Im Prinzip gar nicht, und das merkt der Hund außen sehr genau. Selbst den kleinsten und ängstlichsten Hund macht diese Wehrlosigkeit und das Ausge-

Als Spiel- und Tobeplatz ist dieses Auslaufareal vor den Zwingergittern der anderen Hunde alles andere als gut geeignet!

liefertsein wahnsinnig. Manchmal markiert der Hund im Zwinger darüber, und so geht es immer weiter. Stress pur auf beiden Seiten. Anschließend riecht der Zwinger extrem nach Urin, was nicht leicht zu neutralisieren ist.

● **Wenn Futter- und Wasserschüsseln vorne am Gitter hängen oder stehen**
Oft wird nicht nur das Gitter von außen markiert, sondern auch die Wasser- und Futterschüsseln. Eine klare Aussage gegenüber dem Eingesperrten: »Alles meins!« Das hierdurch keine Freundschaften entstehen können, ist selbstredend.
Oft genug werden die Wasser- und Futterschüsseln vom Hund im Zwinger verteidigt, auch gegenüber den interessierten Besuchern, die eventuell potentielle neue Besitzer sind. Fatal für das spätere Zusammenle-

ben mit dem Vierbeiner, der seine Strategien nicht so leicht vergisst und – vor allem bei erzieltem Erfolg – einstellt.
Dabei ist es dem Hund durchaus egal, ob die Schüsseln leer oder voll sind. Die Verteidigungsmaßnahmen geschehen unter Umständen aus reiner Langeweile als Zeitvertreib.

● **Wenn der Hund hinter dem Gitter von außen »angemacht« wird**
Hat der freilaufende Hund gerade nichts Besseres zu tun und sucht nach einer beglückenden »Beschäftigung«, kann es durchaus vorkommen, dass er einen im Zwinger eingesperrten Hund durch Anbellen, Anknurren oder Aussenden deutlicher körpersprachlicher Signale immer wieder foppt und herausfordert.

Diese Art der Anbringung von Näpfen ist äußerst ungünstig und begünstigt die Verteidigungsbereitschaft von Ressourcen.

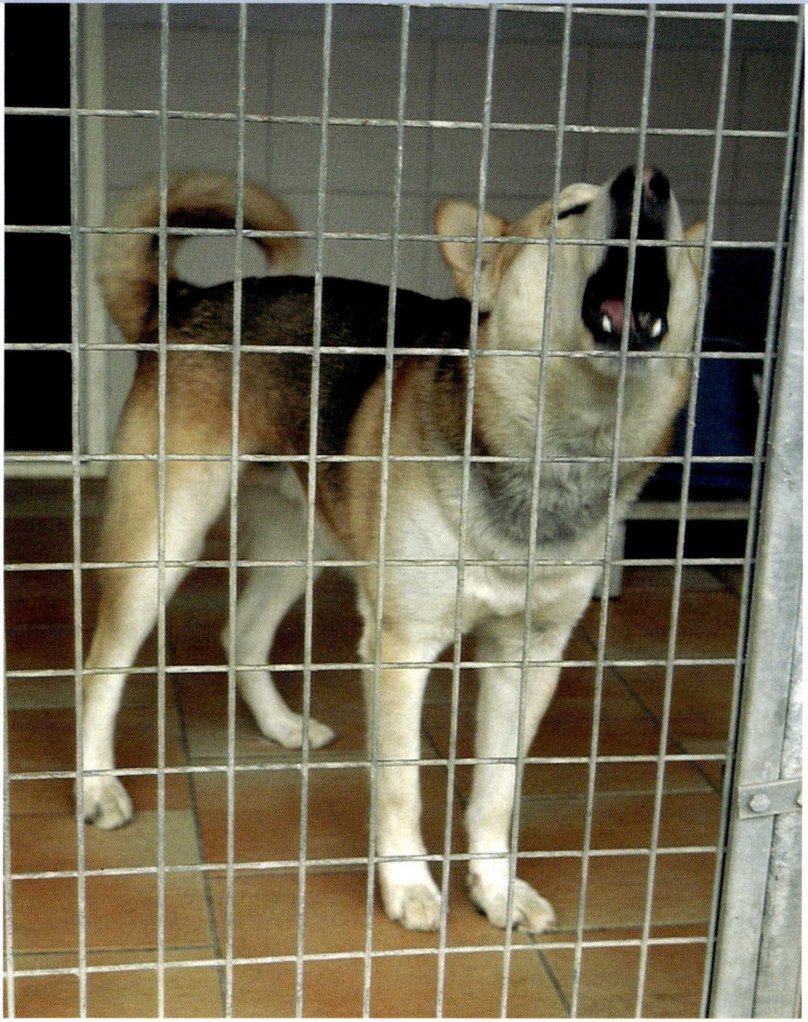

Die Hunde werden sich immer wieder, allein durch den Geruch, erkennen und bekriegen. Sie können es aber auch nie klären, was in diesen Fällen auch gut ist, da die vermeintliche »Klärung« vermutlich viel zu heftig ausfallen und zu weit gehen würde!

Aber es führt dazu, dass viel zu viel gekläfft und geknurrt wird. Dadurch wird für alle Anwesenden der Belastungspegel sehr nach oben katapultiert. Für die anderen Tiere, für das Personal und für die Besucher entsteht so eine laute und sehr stressbehaftete Atmosphäre. Es versetzt niemanden in eine gute Stimmung, und der Aufenthalt ist sehr anstrengend.

Manche Hunde bellen aus stressbedingtem Aggressionsverhalten heraus, manche aus reiner Langeweile.

Die Erfolgserlebnisse, die er während dieser Aktionen hat, animieren ihn zum Weitermachen, schließlich macht das »Spaß«, und das darf dabei nicht vergessen werden.

Der hier entstandene Aggressionsstau macht eine eventuelle Freundschaft zunichte bzw. verhindert den Aufbau einer solchen.

Ein Tierheim zu erleben, wo es, von »normalen Meldungen« durch Hundegebell abgesehen, relativ leise zugeht, ist auffallend, beeindruckend und angenehm. Besucher, Ehrenamtliche und Gassigänger verweilen länger, entspannter und lieber bei den Tieren – und das ist schön für alle.

Einer unter vielen statt »the one and only«

Wenn der Hund mit vielen anderen Hunden/Tieren die Aufmerksamkeit einer Handvoll Menschen teilen muss, kommt nicht nur Freude auf. Bestimmte Menschen können jetzt auf einmal sehr wichtig werden:

- der Mensch, der dem Hund die Freiheit schenkt, sprich ihn in den Freilauf lässt.
- der Mensch, der das Futter bringt.
- der Gassigänger, der relativ konstant immer wieder kommt und sich kümmert.
  Wechselnde Gassigänger haben keinen so hohen individuellen Stellenwert, sondern sind eher Mittel zum Zweck. Was aber auch in Ordnung ist, Hauptsache, der Hund kommt raus.
- der Hundetrainer, der für die reizspezifische Auslastung des Hundes sorgt.
  Nicht bei allen Hunden ist der Hundetrainer gleich beliebt! Besonders dann nicht, wenn

es zu Beginn um diverse »Klärungen« zwischen Hund und Mensch geht. Die Zuneigung kommt erst mit der Zeit, dann aber ist sie besonders wertvoll.

Im Tierheim sind oft viel zu wenig Menschen für all die vielen Tiere mit ihren Bedürfnissen. Der einzelne Hund sucht sich gerne selbst die Personen aus, die für ihn wichtig sind. Was hier dann häufig entsteht, nennen die Menschen Eifersucht. Doch für den Hund geht es um die soziale Bindung. Hunde sind Rudeltiere, die eine Dazugehörigkeit suchen und benötigen, um sich wohl zu fühlen. Wenn auf einmal alles geteilt werden muss, entstehen häufig Stresssituationen und Reibereien, die so sonst nicht auftauchen würden. Manch ein Hund lernt jetzt auf einmal erst die Bedeutung eines Menschen kennen, eine Erfahrung, die für diese Hunde sogar sehr gut und wohltuend ist.

Seinen Menschen teilen zu müssen, muss auch im heimischen Familienrudel gelernt werden. Im Tierheim fällt es aber besonders schwer.

Individualität versus Arbeitsalltag

Der Arbeitsablauf in einem Tierheim ist sehr genau eingeteilt. Mit oft viel zu wenig Personal und viel zu viel Arbeit, muss auf die Zeit geachtet werden. So viel wie möglich schaffen, aber so wenig Zeit wie möglich darauf verwenden. Perfektes Management ist gefordert. Müssen auch noch kranke Tiere versorgt werden, bleibt noch weniger Zeit übrig. Welpen, die zu früh auf die Welt gekommen sind oder ohne Mutter abgegeben wurden, bedürfen zusätzlicher Hilfe und Zuwendung, und das rund um die Uhr. Hier wird sehr viel Engagement erwartet. Überstunden sind fester Bestandteil der Monatsstundenzahl und vorprogrammiert. Kein Wunder – man hat es mit lebenden Tieren zu tun. Da kann

Nicht alles ist Tierschutz, was als Schutz von Tieren propagiert wird.

es feste Arbeitszeiten gar nicht geben. Wer im Tierheim arbeitet oder lernt, der muss zu diesen Horrorschichten bereit sein und darf nicht ständig auf die Uhr schielen und auf pünktlichen Feierabend warten. Damit das Beste für die Tiere herausgeholt werden kann, müssen alle Mitarbeiter am selben Strang ziehen.

Natürlich gibt es auch in diesem Metier schwarze Schafe. Menschen, die ihr eigentliches Interesse für den Tierschutz aus den Augen verloren haben und nicht mehr das Wesentliche sehen. Andere sind einfach nicht dazu geeignet, Men-

schen zu führen und anzuleiten, wodurch die Bildung eines guten Teams be- oder verhindert wird. Das wird nicht lange gut gehen. Leider sind dann wieder die Tiere die Leidtragenden und sie können sich – wie immer – nicht wehren.

In solcher Situation kann nur gehofft werden, dass es einen kundigen Vorstand gibt, der nicht blauäugig ist und sinnvoll wie kompetent darüber zu entscheiden weiß, wie eine Änderung herbeigeführt werden kann, damit Tierschutz weiterhin gewährleistet ist. Zweifelsohne keine leichte Aufgabe.

Qualifikation von Personal und Gassigängern

Es reicht sicherlich nicht aus, wenn nur die Tierheimleitung eine ausgebildete Fachkraft ist. Die sonstigen Mitarbeiter sollten in Bezug auf Fortbildung mit einbezogen werden, seien dies ehrenamtliche Helfer bei der Pflege und Betreuung oder Gassigänger. Ein guter Austausch untereinander ist nur machbar, wenn alle Beteiligten wenigsten annähernd einen vergleichbaren Kenntnisstand haben. Auch wenn nicht alle zu Weiterbildungsveranstaltungen geschickt werden können, das dort erlangte Wissen kann im Sinne einer Supervision an die anderen Kollegen weitergegeben werden. Ein

guter Grund, um sich regelmäßig zusammenzusetzen, auszutauschen und voneinander zu lernen. Jeder hat dabei die Gelegenheit, über seine tagtäglichen Erlebnisse mit den ihm anvertrauten Tieren zu berichten. Aber natürlich kostet dies auch wieder Zeit!

Die Gassigänger der Hunde sind sehr wichtige Personen, denn sie erleben die Tiere außerhalb des Tierheimgeländes und nehmen Einfluss auf deren Verhalten. Daher muss darauf geachtet werden, wen man vor sich hat, und welcher Hund von wem ausgeführt werden

Das Ausführen der Tierheimhunde sollte nicht nur zum »Luftschnappen« genutzt werden, sondern auch für Erziehungsübungen. Eine gute Leinenführigkeit z.B. schon zu üben, kommt dem späteren Besitzer zugute und kann die Vermittlungschancen durchaus erhöhen.

kann. Empfehlenswert ist es, wenn die »Gassigeh-Interessenten« erst eine kurze, aber sehr notwendige Einführung in ihr angestrebtes Tun erhalten. Sie müssen wissen, worauf sie bei dem jeweils ausgesuchten Hund zu achten haben und womit zu rechnen ist. Eine große Hilfe für den Hund, und dann später auch für die zukünftigen neuen Besitzer.

Treue Gassigänger sind Gold wert, und in sie sollte Zeit für »Weiterbildung« investiert werden. Auch, wenn diese sie anfangs vielleicht gar nicht nicht möchten und für notwendig erachten! Es ist machbar und durchzusetzen, dass der Besuch einer Weiterbildung Pflicht

ist. Machen Gassigänger immer wieder dieselben Fehler, weil sie es nicht besser wissen oder erklärt bekommen haben, kann es für den Hund zu katastrophalen Folgen kommen. Vor allem dann, wenn sein Fehlverhalten immer wieder bestätigt wird. Hierzu ein Beispiel: Ein Hund beginnt, auf schnelle Bewegungen, vorbeifahrende Autos, Motorräder und Fahrräder, Jogger, Skater u.ä., zu reagieren. Da keine Korrektur erfolgt, steigert er nach kurzer Zeit sein Verhalten, läuft schon nur noch auf den Hinterbeinen, wenn sich etwas bewegt, und reagiert hektisch. Eventuell bellt er dabei und verfällt in ein unruhiges Kreiseln an der Leine. Im schlimmsten Fall reißt er sich los und rennt

Manches Problemverhalten im Alltag entsteht oder verdichtet sich in der Zeit des Tierheimaufenthaltes und könnte bei entsprechender Gegenarbeit vor einer Vermittlung abgefangen werden.

hinter dem Auto her! Welche Gefahr hier droht, kann sich jeder vorstellen.

Hätten die Gassigänger geahnt, auf was sie achten müssen und wie sinnvolle Korrektur hätte verlaufen können, wäre es sicherlich niemals so weit gekommen. Die neuen Besitzer haben dann in der Folge auch ein großes Problem, mit dem sie nicht immer alleine zurechtkommen werden und eventuell professionelle Hilfe brauchen. Vielleicht kapitulieren sie aber auch vor der Problematik und geben stattdessen den Hund lieber wieder im Tierheim ab. Ein vermeidbarer, unnötiger Verlauf, der obendrein sehr schade für beide Seiten ist.

Der Hund bekommt nur eine reelle Chance sein Verhalten zu verändern, wenn der Gassigänger Kenntnisse darüber erhalten hat, wie er gegensteuern kann. Langsam, aber konsequent, und im optimalen Falle unter Mitwirkung eines professionellen Trainers. Im Vorfeld ist nicht bekannt, wie lange der Hund im Tierheim wird warten müssen, deshalb sollte die Zeit sinnvoll genutzt werden. Es ist auf jeden Fall eine große Hilfe bei der späteren Vermittlung, wenn eventuellen Verhaltensauffälligkeiten bereits konstruktiv begegnet wurde. Vielleicht wird der Hund ja sogar gerade wegen dem erfolgten Training und dem Gelingen der Übungen vermittelt – wer weiß das schon.

Gute Übungsmöglichkeiten für (geschulte) Gassigänger

→ Leinenführigkeit

→ Hundebegegnungen

→ Verhalten bei Begegnungen mit Menschen (besonders mit Kindern), Joggern, Radfahrern, Autos, Motorrädern usw.

→ Stadtbesuche

→ Fahrten mit dem Auto oder öffentlichen Verkehrsmitteln

→ Ansatz der Umorientierung bei jagdlich motiviertem Verhalten

Fallstricke einer Vermittlung

Wie bereits im 1. Kapitel angesprochen, sollten Interessenten über die Vorgeschichte des Hundes unbedingt so viel wie nur möglich herauszufinden versuchen. Dies gilt generell bei jeder Übernahme eines Hundes, von wem auch immer! Um sich ein besseres Bild von der Geschichte machen zu können ist es ratsam, mehreren Personen vor Ort dieselben Fragen zu stellen. Falls die Aussagen nicht übereinstimmen, kann gezielter nachgefragt werden, und das sollte man auch unbedingt tun. Der Hintergedanke dabei ist, dass leider nicht immer die Wahrheit erzählt wird. Oft werden die Vorgeschichten – bewusst oder unbewusst, absichtlich oder unabsichtlich – beschönt. Ehrlich währt am längsten, so auch bei der Vorgeschichte eines Hundes.

Häufig ist zu hören, dass Hundekäufer oder Übernahmepersonen sich im Nachhinein darüber ärgern, damals nicht besser nachgefragt zu haben und leider viel zu leichtgläubig alles Gesagte glaubten. Verständlich! Sie waren völlig begeistert, emotional eingespannt und überglücklich über ihr neues Familienmitglied. Manche Aussagen haben eben einen doppelten Boden, sind eindeutig zweideutig. Wer hier nicht ganz genau hinhört, dem wird die Bedeutung und die gesamte Tragweite erst später – vielleicht zu spät(!) – klar.

Die Begeisterung über den neuen Hausgenossen sollte nicht dazu führen, dass Augen und Ohren verschlossen werden und Hintergrundinformationen, soweit erhältlich, unbeachtet bleiben.

Manche selbsternannten Züchter oder auch Vermehrer bekommen aus einem Wurf nicht zügig alle Welpen verkauft. Selbstverständlich passiert dies auch seriösen Züchtern, die ihre Zucht verantwortungsbewusst und kontrolliert betreiben. Doch da wird mit der Situation in der Regel anders umgegangen und auch weiterhin nach passenden Welpenkäufern Ausschau gehalten. Wer aber seine Welpen einfach nur »irgendwie« loswerden will und jedem ein Hundekind mitgibt, der es bezahlt, der achtet nicht darauf, ob der Hund zur Familie passt bzw. ob das Interesse an dem Hund ein nachhaltiges ist. Hauptsache weg und Geld in der Tasche! So wird dann gern erzählt, dass dieser Hund eigentlich zurückbehalten wurde, weil er behalten werden sollte, aber nun unter Umständen und bei Vorhandensein guter, netter Menschen doch verkauft würde. Der Interessent fühlt sich geehrt und ist nun erst recht wild entschlossen, dem Hund ein neues Zuhause zu bieten. Was aber letztlich der wahre Grund für die Abgabe ist, bleibt oft im Dunkeln.

Zu oft wird auch erzählt, dass der Vorbesitzer mit dem Hund schlecht umgegangen ist, die Schuld am verkorksten Verhalten trägt, weswegen zum Schluss der Hund abgegeben wurde.

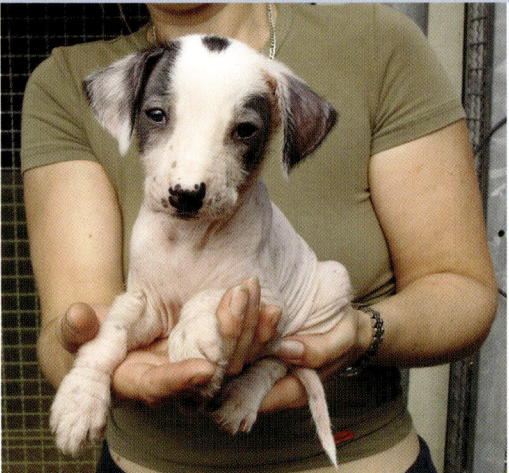

Oft wird bei dem Vermittlungsstreben mit dem Mitleids-empfinden des potentiellen Interessenten gepokert.

Dadurch wird Mitleid mit dem Hund geweckt. Auch wenn der Hund nach einer Vermittlung wieder zurückkam, wird hier gerne einfach die Schuld dem Abgebenden in die Schuhe geschoben. So einfach ist es nicht immer, und manchmal ist es durchaus gerechtfertigt, den Hund abzugeben.

Leider gibt es nicht selten einfach gar keine Vorgeschichte. Dies ist unter anderem dann der Fall, wenn der Hund ausgesetzt aufgefunden oder von angeblich Fremden abgegeben wurde. Die »Fremden« sind aber nicht immer fremd, das lässt sich oft am Verhalten des Hundes ablesen. Der Grund für die Lüge ist leicht zu erklären. Bei der Abgabe eines Fundtieres muss kein Geld bezahlt werden, beim eigenen Hund aber schon. Außerdem kann man für nichts zur Verantwortung gezogen werden, mit dem man ja (angeblich!) nichts zu tun hat. Eine platte Schutzbehauptung also. Nicht mal jetzt wird das Beste für den Hund angestrebt, was geschehen würde, wenn man ihm seine Vorgeschichte mit auf den Weg ge-

ben würde. Mit der Kenntnis um sie könnte er unter Umständen viel erfolgreicher vermittelt werden. Doch es fehlen die Antworten auf viele Fragen:

- Lebte er in der Stadt oder auf dem Land, im Haus oder im Zwinger?
- Mag er alle Menschen, speziell Kinder, oder hat er Probleme mit ihnen?
- Ist er verträglich mit Katzen und/oder anderen Tieren?
- Wie lange kann er alleine bleiben?
- Fährt er gerne Auto?
- Hat er spezielle Aufgaben erfüllt, entsprechende Ausbildungen durchlaufen?
- Hat er irgendwelche Krankheiten?
- Muss er Medikamente nehmen?

Es bleibt alles offen, und dadurch entstehen Risiken für die Vermittlung. Nicht alles lässt sich vorher durch »Austesten« herausfinden!

Wo über den Hintergrund des Hundes nicht viel in Erfahrung zu bringen ist, muss ausprobiert werden, was man ihm zutrauen und zumuten kann und was nicht.

Ein Tierheimhund ist eine wahre »Wundertüte« – so oder so.

Ein Tierheim ist ein Niemandsland für die Tiere. Nichts gehört einem Hund alleine, kaum etwas kann für sich selbst beansprucht werden. Die Tiere müssen, ob sie es wollen oder nicht, mit anderen teilen. Viele Verhaltensweisen zeigen sich erst im neuen Heim, und somit kann es durchaus passieren, dass ein sogenanntes Problemverhalten für das Tierheimpersonal völlig »neu« und nicht nachvollziehbar ist, da es sich vorher nicht gezeigt hat. Auch wenn man den Hund im Tierheim gut beobachtet hat, können nicht alle Situationen des Alltags nachgestellt werden. Ein großer Teil bleibt offen und bildet den »Inhalt« der »Wundertüte Tierheimhund«.

Wird ein Hund aus solchen Gründen wieder ins Tierheim zurückgebracht, so darf hier nicht von »Unfähigkeit« der Menschen gesprochen werden! Es muss exakt analysiert und dokumentiert werden, was genau passiert ist. Die Zeit, die der Hund bei den ehemals neuen Besitzern verbracht hat, sollte für den Vierbeiner dahingehend sinnvoll genutzt werden, dass sie Informationen über sein Alltagsverhalten gibt. Je mehr man weiß, desto besser kann dem Hund geholfen und die nächste Vermittlung angegangen werden. Allein die Tatsache, dass er dann (hoffentlich!) nicht wieder zurückgebracht wird, reicht aus, um das traurige Kapitel in der Vorgeschichte positiv abzuschließen.

Vertrauen ist gut, Kontrolle ist besser

Auch die Erzählungen der Interessenten/ neuen Besitzer entsprechen nicht immer der Wahrheit. Ihr Tun und Handeln, wenn der Hund tatsächlich im Hause ist, kann sich total verändern, so sehr, dass die Vermittlung wieder in Frage gestellt werden muss. Deshalb sollte eine Kontrolle vor Ort nach einer angemessenen Eingewöhnungszeit stattfinden, ruhig auch unangemeldet. Ist der Alltag eingetreten, lässt sich eher ein Eindruck gewinnen, wie der Hund wirklich gehalten wird. Nicht alle neuen Besitzer freuen sich über so einen Besuch. Manche beschimpfen die Prüfer böse und lassen sie überhaupt nicht herein. Hier wird der Hund häufig auch nicht gut gehalten. Ihn aber jetzt wieder herauszubekommen, gestaltet sich selbst mit einem abgeschlossenen Tierschutzvertrag sehr schwierig. Zum Glück gibt es aber viele positive Ausnahmen!

Um solche Kontrollen durchführen zu können, werden geeignete Personen gesucht. Sie arbeiten ehrenamtlich und das in ihrer Freizeit, häufig in den Abendstunden, da dann die meisten Menschen anzutreffen sind. Manchmal müssen sie viele Kilometer fahren, um die Nachkontrolle leisten zu können. Sie müssen diplomatisch vorgehen können und sollten auch zur eigenen Sicherheit zu zweit sein.

Drum prüfe, wer sich langfristig bindet – durch eine Kennenlernphase

Beim Kennenlernen eines Hundes muss außer der Vernunft auch das Herz mitreden. Doch darf nicht das Herz die Vernunft ausschalten. Um sicher zu gehen, dass man den richtigen Hund ausgesucht hat, sollte man sich selbst und allen Beteiligten eine Kennenlernphase zugestehen. Deshalb unsere dringende Bitte, den Hund nicht gleich mitnehmen zu wollen, sondern mindestens, wie der Volksmund es empfiehlt, eine Nacht darüber zu schlafen! Wird womöglich Druck vom Vermittler ausgeübt und Aussprüche getan wie: »Wir reservieren keine Hunde. Wenn morgen ein Interessent kommt, dann ist er weg. Entscheiden Sie sich jetzt!«, dann sind Sie nicht an der richtigen Stelle! Suchen Sie sich eine andere Vermittlungsorganisation.

Zum Kennenlernen gehören auch Spaziergänge, und zwar nicht nur einmal kurz vor der Übernahme, sondern gerne an zwei bis drei aufeinanderfolgenden Tagen. Sollte ein Spaziergang nur ein Mal pro Woche stattfinden können, sagt dies zu wenig aus. Den Hund ein paar Tage hintereinander zu beobachten, gibt viel mehr Aufschluss darüber, ob sein Verhalten stabil ist. Wenn es das nicht ist, kann leichter erkannt werden, woran es liegen mag. Eine große Zeitspanne zwischen den Ausgehbesuchen birgt die Gefahr, dass vieles passieren kann, was sein Verhalten beeinflusst. So zeigt er dann unter Umständen jedes Mal eine völlig andere Seite. Auch würde eine bloße »Reservierung« über einen längeren Zeitraum dem Hund zusätzliche Vermittlungschancen rauben.

Drum prüfe, wer sich langfristig bindet, damit es für beide Seiten ein beglückendes Miteinander wird!

Wichtig:

→ Zum Wohlergehen und im Interesse des Hundes sollte eine Kennenlernphase auf jeden Fall möglich sein! Die dafür benötigte Zeit kann unterschiedlich sein und differiert je nach Hund und Mensch. Jedoch darf sich eine »Reservierung« nicht über Wochen oder Monate hinziehen und dem Hund die Chance auf anderweitige Vermittlung vereiteln!

Probewohnen – nein, danke

In der Entscheidung für oder gegen den ausgesuchten Hund tun sich viele Interessenten sehr schwer. Sie sind unsicher, ob sie den richtigen Entschluss getroffen haben und möchten den Hund deshalb gerne »auf Probe« mit nach Hause nehmen. Sie erhoffen sich, den Hund dann besser einschätzen zu können. Es ist aber oft ein Trugschluss, da der Hund sich in der Eingewöhnungsphase völlig anders verhält als danach! Das wissen auch die Tierheimmitarbeiter. Genau aus diesem Grund haben sie die Hoffnung, dass der Hund auch nach einer gewissen Weile noch bleiben kann. Eventuelle Probleme treten erst später auf, und bis dahin will der neue Besitzer den Hund vermutlich schon nicht wieder zurückgeben. Ein für den Hund schicksalhaftes »Pokerspiel«.

Für den Hund ist ein Probewohnen häufig nicht gut. Es gibt sicherlich Hunde, mit denen man es ein paar Mal machen kann, ohne dass sie einen »Schaden« davontragen. Aber auch diese Hunde können trauern und sind enttäuscht, wenn sie wieder ins Tierheim zurück müssen, auch wenn sie es nicht nach außen tragen, sondern weiterhin Frohnaturen zu sein scheinen.

Und dann gibt es auch die Hunde, die absolut nicht zum Probewohnen mitgenommen werden sollten. Dies sind die Hunde, die bereits zu oft enttäuscht wurden und sich eventuell schon ein Stück aufgegeben haben. Andere Vierbeiner verlassen sich nur noch auf sich selbst und sind dadurch sehr in sich gekehrt, apathisch und depressiv.

Für die ganz ängstlichen Fellnasen, die viel längere Zeit brauchen, um Vertrauen zu fassen, bedeutet ein Probewohnen eine enorme Stressbelastung, die sie in ihrer Entwicklung unnötig und überflüssig zurückwirft.

»Zuhause auf Probe« stürzt viele Hunde in enttäuschte Frustration, wenn es wieder zurück ins Heim geht und sollte deshalb nicht grundsätzlich in Erwägung gezogen werden. Wer verliert schon gern ein in Aussicht gestelltes Zuhause mit den dazugehörenden Annehmlichkeiten?

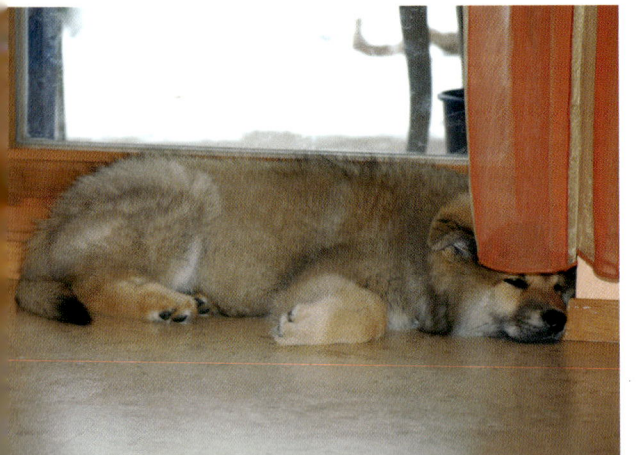

Wichtig:

➡ »Hund auf Probe« zum Austesten des Miteinanders klingt verlockend für den Interessenten, ist der hundlichen Psyche aber nicht dienlich und sollte im Interesse des Tieres nicht ins Kalkül gezogen werden! Reifliches Kennenlernen vor der Übernahme und dann ein konkretes »Ja« oder »Nein«! Der Hund als soziales Lebewesen wünscht sich eine Dazugehörigkeit zu einer eigenen sozialen Gruppe. Die Hoffnung darauf wird mit dem Einzug in ein neues Zuhause erweckt, egal, ob von kurzer Dauer oder langfristig!

Wer passt zu wem oder warum auch nicht?

Die Übernahme eines Hundes muss immer gründlich überlegt und von allen Seiten bedacht werden. Es geht hier um ein Lebewesen mit Ansprüchen, Anforderungen, Bedürfnissen und einer Seele. Und um Zeit, Geld und Organisatorisches. Ein Hund ist kein Spielzeug, auch kein schmückendes Beiwerk und erst recht kein Statussymbol, welches bei Nichtgefallen, schlechter Handhabungseigenschaften oder nicht erfüllter Erwartungen einfach wieder umgetauscht werden kann. Auch kann der einmal in die Familie aufgenommene Vierbeiner nicht nach der ersten Zeit der Begeisterung einfach in die Ecke gestellt werden, weil den Kindern der Umgang mit ihm nun doch langweilig oder schwierig geworden ist und die Eltern nur noch den Arbeitsaufwand und den vermehrten Schmutz in der Wohnung sehen.

Notwendige Überlegungen vor der Übernahme eines Hundes

Die grundsätzliche Frage, die es sich selbst ehrlich zu beantworten gilt, ist, ob ein Hund überhaupt in das eigene Leben passt. Der Wunsch nach einem vierbeinigen Kumpan mag noch so groß sein, wenn der Arbeitsalltag einen selbst völlig einspannt, womöglich noch viele Dienstreisen anstehen und man nur von Termin zu Termin hetzt, so passt ein Hund nicht wirklich dazu, schon gar kein Welpe. Es ist nicht unwesentlich und minimal, was ein Hund Tag für Tag beansprucht und was vom Hundebesitzer zu bewerkstelligen und zur Verfügung zu stellen ist.

Wie viel Zeit können Sie dafür aufwenden? Ein Tag hat 24 Stunden, wie viele Stunden davon kann der Hund mit Ihnen und Ihrer Familie zusammen verbringen, oder wie viele Stunden würde er nur irgendwo wartend und ausharrend herumliegen? Wenn er sich dann aus Langeweile womöglich selbst seine Beschäftigungen sucht, haben Sie sich unter Umständen nicht nur mit der Renovierung ihrer Wohnung, sondern auch noch mit Verhaltensauffälligkeiten und -problemen auseinanderzusetzen. Wie würde der Tagesablauf mit Hund gut gestaltet werden können, so dass letztlich alle Beteiligten glücklich und zufrieden miteinander leben? Wie groß soll und kann ein Hund sein, damit er in Ihr Zuhause und ins Auto passt und eventuell bei Urlaubsreisen mit eingeplant werden kann? Welcher Hundetyp passt zu Ihrem Alltagsverhalten? Sportliche Menschen mit eher gemütlichen Hunden und gemächlichere Spaziergänger mit hochaktiven Hunden stellen selten optimale Mensch-Hund-Gespanne dar!

Was ein Hund täglich braucht:

➡ Erziehung und Beschäftigung

➡ Aufmerksamkeit und Zuneigung

➡ Pflege

➡ Spaziergänge (und zwar mehrere; ein Garten allein reicht nicht)

➡ Futter, Wasser und Fütterungszeiten ...

Größe, Masse und Bewegungsdrang müssen bei der Auswahl bedacht werden und zu den Gegebenheiten im neuen Zuhause passen, sonst sind Schwierigkeiten vorprogrammiert.

Auch finanziell belastet ein Hund durchaus, und die weiteren organisatorischen und logistischen Leistungen, die ein Hundehalter im Verlauf eines Hundelebens zustande zu bringen hat, sind ebenfalls nicht von der Hand zu weisen. Berücksichtigt man alle Eventualitäten, wobei immer auch noch Dinge eintreten, die man bislang noch gar nicht mit ins Kalkül gezogen hat – Unverhofft kommt oft! –, läppert sich da ganz schön etwas zusammen. Hundeliebhabern ist es (beinah) egal, man nimmt die Belastung, wie sie kommt, und verzichtet selber auf »Unwichtiges«. Aber es muss trotzdem vorher überlegt werden, ob absehbare und vor allem unabsehbare Ausgaben zu leisten möglich sind. Für Notfälle ist es ratsam, den sprichwörtlichen »Joker im Ärmel« zu haben, um eine Lösung zum Wohle des Hundes finden zu können!

Was kommt noch auf Sie zu (ohne Anspruch auf Vollständigkeit!)?

- Für einen Hund fällt Hundesteuer an, die je nach Rasse, Stadt und Gemeinde in ihrer Höhe deutlich unterschiedlich sein kann.

- Eine Hundehaftpflichtversicherung muss abgeschlossen werden.

- Ein Sachkundenachweis muss eventuell erbracht werden.

- Tierarztkosten > ein Hund muss geimpft und entwurmt werden; auch Vierbeiner werden einmal krank, erleiden einen Unfall oder werden vielleicht von behandlungsbedürftigen, chronischen Krankheiten betroffen; evtl. möchten Sie eine Tierkrankenversicherung abschließen.

- Passt Ihr Traumhund in Ihr Traumauto oder muss vielleicht eine neue Familienkutsche angeschafft werden?

- Soll Bello während Ihres Jahresurlaubs in einer Hundepension untergebracht werden?

- Futter und die komplette Ausstattung von Hundebett über Decke, Handtücher, Halsband oder Geschirr, Leine, Futterschüsseln, Autobox bis zu Spielzeug usw. kosten Geld.

- Sinnvoll und empfehlenswert ist der Besuch einer Hundeschule. Doch nicht immer liegt die für Sie und Ihren Hund passende gleich um die Ecke. So entstehen weitere Kosten.

- Wohnung oder Haus: Ist die Hundehaltung überhaupt erlaubt, wenn Sie zur Miete wohnen oder auf Miteigentümer Rücksicht nehmen müssen? Und ist genügend Platz vorhanden?

Rüde oder Hündin

Männliche und weibliche Tiere unterscheiden sich durchaus voneinander, daher sollte vorher überlegt werden, was das Geschlecht eines Tieres ausmacht, wie und warum sich dies auch im Verhalten bemerkbar macht. Hierzu gibt es einschlägige Literatur, deshalb wollen und können wir uns im Rahmen dieses Büchleins nicht sehr ausführlich damit beschäftigen. Grob gesagt lässt sich aber feststellen, dass Rüden ihrer Art nach für die Revierverteidigung und den Schutz ihrer sozialen Gruppe (früher als ihr »Rudel« bezeichnet, doch dieser Begriff wird heutzutage nicht mehr gern verwendet) zuständig sind. Daraus resultiert vielschichtiges Statusgehabe, welches im Alltag mehr oder weniger ritualisiert (das ist letztlich abhängig vom intakten oder eventuell gestörten Sozialverhalten) gezeigt wird. Hierzu gehört auch ein ausgeprägtes Markierverhalten, was auch – oder gerade! – vor dem eigenen Grundstück nicht Halt macht. Büsche und Obststräucher werden in Beschlag genommen, Territoriumsgrenzen abgesteckt: »Alles meins!«! Unterwegs ist es ihm sehr wichtig, die »Hundezeitung« überall gründlich zu lesen und jeweils eine eigene »Anzeige« in dieselbe einzusetzen. Überall, wo es gut duftet, wird drübermarkiert, um der Welt mitzuteilen: »Hier bin ich!« Hormone beeinflussen – mehr oder weniger – das ganze Jahr (!) sein Verhalten. Das kann dazu führen, dass er sich nicht mit jedem Rüden gut versteht, wenn überhaupt, und bei Hündinnen völlig aus dem Häuschen ist. Das Los des Menschen an der anderen Seite der Leine ist es, das eigene Vorhandensein und das Bestreben, die Richtung anzugeben, deutlich

Rüde oder Hündin – mehr als eine Geschmacksfrage?

machen zu müssen, was nicht immer einfach ist und zu dem **Vorurteil** führt, Rüden seien grundsätzlich und generell schwerer zu erziehen und zu handeln als Hündinnen.

Hündinnen obliegt in der Natur die Aufgabe, Nachwuchs zur Welt zu bringen, diesen aufzuziehen und zu beschützen. Deshalb hält sich die pauschale Meinung, Hündinnen wären grundsätzlich familientauglicher, weil kinderfreundlicher als Rüden, hartnäckig. Ein fataler Irrtum! Zur Nachwuchsverteidigung, die hormonell gesteuert ist und durchaus auch bei Hündinnen in der Scheinträchtigkeit, also ohne reales Vorhandensein von Nachwuchs, vorkommen kann, reagiert ein weibliches Tier unter Umständen sehr aversiv bis aggressiv. Auch mögen Hündinnen nicht grundsätzlich jeden fremden Welpen (fremdes Genmaterial, was unter Umständen ihrer Meinung nach eliminiert werden muss!). Mit anderen erwachsenen Hündinnen ist auch nicht grundsätzlich eitel Sonnenschein, sie werden vielleicht als Nebenbuhlerinnen angesehen und sind Konkurrenz im Reproduktionswettkampf. In der Regel werden Hündinnen zweimal im Jahr läufig, was sich bei unseren Haushunden nicht mehr auf Frühjahr und Herbst konzentriert, wie es beim Vorfahren Wölfin der Fall ist. Somit kann eine Läufigkeit auch in den geplanten Familienurlaub fallen

Es ist durchaus nicht so, dass grundsätzlich Hündinnen mit kleinen Kindern besser auskommen. Oft sind es gerade die Rüden, die geduldig und zärtlich mit dem menschlichen Nachwuchs umgehen. Verantwortung und Aufsicht liegen aber immer bei den Eltern.

und diesen organisatorisch maßgeblich beeinflussen: Hundepension nimmt vielleicht keine läufige Hündin, auf dem Campingplatz sind viele andere Hunde, auch intakte Rüden, das Hotelzimmer darf nicht mit Blutflecken beschmutzt werden, die Hündin verhält sich extrem zickig in der Läufigkeit usw. Auch Hündinnen unterliegen rund ums Jahr den diversen hormonellen Einflüssen, die sich stärker und schwächer bemerkbar machen. Es gibt manchmal extreme »Stimmungsschwankungen«, die die verschiedenen Phasen der Prä-, Post- oder effektiven Läufigkeit begleiten. Die weiblichen Leser mögen nun denken: »Wie menschlich!«

Und wie es sehr »weiche«, »mädchenhafte« Rüden gibt, so gibt es auch sehr »harte«, rüdenhafte Hündinnen. Hier spielen eventuelle vorgeburtliche Hormoneinflüsse des jeweiligen Tieres durchaus eine von uns nicht zu beeinflussende Rolle! Manche Trainer bezeichnen diese Tiere als »Rüdin«, wobei Hündinnen hierbei auch zu Markierverhalten mit hoch erhobenem Hinterlauf im Stande sind. Übersteigertes Selbstbewusstsein ist auch bei Tieren anzutreffen.

Doch wer nun der Meinung ist, eine Kastration sei das Allheilmittel schlechthin, der sei gewarnt!

Leidiges Thema Kastration

Wenn wir das Thema (Hormonelle Beeinflussung) aufgreifen, müssen wir auch kurz über die Kastration sprechen. Auch zu diesem wichtigen Thema gibt es mittlerweile hervorragende Literatur. Die Kastration ist ein sehr massiver Eingriff in die psychische und physische Gesundheit des Tieres und darf niemals voreilig und unüberlegt angeordnet werden. Noch immer wird viel zu schnell kastriert und viel zu wenig über die Folgen aufgeklärt. Nicht umsonst ist eine Kastration tierschutzgesetzrelevant und darf eigentlich nicht ohne medizinische Indikation (z.B. Gebärmutterentzündung, ausgesprochene Scheinträchtigkeitsproblematik, innenliegender Hoden, Hodentumore u.ä.) vorgenommen werden. Doch immer wieder wird dem Hundehalter empfohlen, den Hund aus prophylaktischen Gründen oder zur pseudo-automatischen Abstellung von Verhaltensauffälligkeiten kastrieren zu lassen. Wenn Sie sich fragen, warum so viele Tierärzte zur Kastration raten, dann sollte nicht außer Acht gelassen werden, dass Impfungen und Kastrationen mit die Haupteinnahmequellen für viele Praxen darstellen! Was viele nicht wissen: Der Tierarzt darf einen Hund ohne Begründung nicht kastrieren! §6 des Tierschutzgesetzes sagt: »Verboten ist

das vollständige oder teilweise Amputieren von Körperteilen oder das vollständige oder teilweise Entnehmen oder Zerstören von Organen oder Geweben eines Wirbeltieres.« Eingeschränkt wird im Weiteren: »Das Verbot gilt nicht, wenn (...) der Eingriff im Einzelfall (...) nach tierärztlicher Indikation geboten ist.« Dass es für einen Tierarzt kein Problem ist, eine Begründung zu benennen, ist klar.

Leider wird die Kastration – so früh wie nur möglich – von manchen Tierärzten als Schutz vor eventuellen Krankheiten »verkauft« – erschütternd! Wir Menschen lassen uns doch auch nicht im Voraus operieren, um eventuelle Krankheiten zu vermeiden!

Von einer Kastration spricht man nicht nur bei den Rüden, sondern auch bei Hündinnen, wenn eine Totaloperation durchgeführt wurde (was eigentlich und leider die Regel ist). Die Kastration einer Hündin ist eine größere Operation mit Bauchschnitt und heilt von innen nach außen. Dies bedeutet eine langsame Heilung mit teilweise starken Schmerzen. Um der Hündin bei der Regeneration auch nach dem Einstellen von Schmerzmitteln zu helfen, empfiehlt es sich, ihr homöopathisch zur Seite zu stehen. Ihr in dieser Situation nicht helfend und unterstützend zur Seite zu stehen, kann bei der Hündin negative Begleiterscheinungen auslösen, je nach dem, mit was oder wem sie die Schmerzen verknüpft. Das ist alles schon vorgekommen.

Bei Rüden ist der Eingriff bedeutend kleiner, da eher äußerlich. Dadurch verheilt er auch viel schneller. Rüden werden oft wegen sogenanntem »auffälligen Verhalten« kastriert.

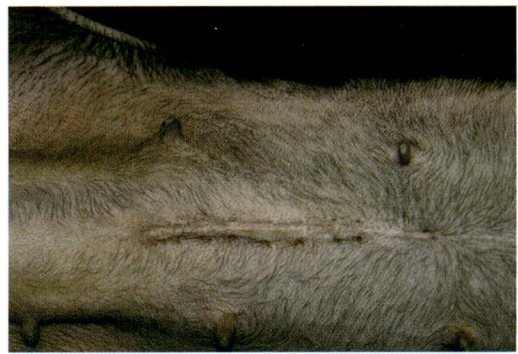

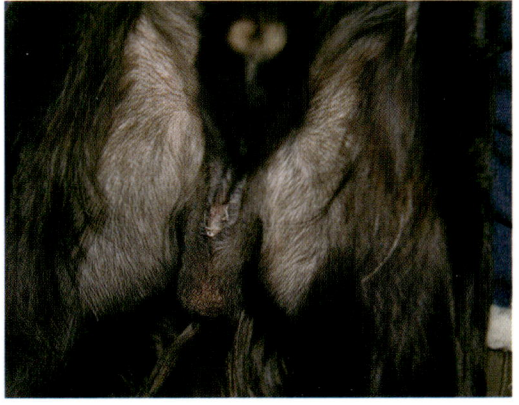

Die OP-Narbe nach einer Kastration ist bei einer Hündin (oben) deutlich größer als bei einem Rüden, ein Beleg für den bedeutend größeren Eingriff.

Entweder, er verhält sich »aggressiv« gegenüber anderen Rüden oder er lebt angeblich in permanentem »Stress«, wobei er überall schnüffelt, markiert und ausgiebig auf »Freiersfüßen« wandelt. Selten liegt ein effektiver Krankheitsgrund vor. Natürlich wird da, wo Verhalten hormonell bedingt ist, dies durch die Unterbindung bestimmter Hormonproduktion verändernd beeinflusst. Doch selten ist wirklich ein krankhaft übersteigertes Verhal-

ten der (dann berechtigte!) Kastrationsgrund. Weit häufiger sind Erziehungsfehler und/oder Sozialisierungsdefizite Grund für Verhaltensauffälligkeiten, die dann – wen wundert es? – auch nach einer Kastration plötzlich eben nicht verschwinden oder sogar noch verstärkt werden! Das Alter und die Erfahrungswerte eines Hundes spielen eine wesentliche Rolle auf die Auswirkungen einer Kastration. Ist der Hund älter, tritt die erwünschte Verhaltensveränderung nach einer Kastration oft überhaupt nicht ein. Der Hund zeigt erlerntes Verhalten, dies löst sich nicht in Luft auf, nur weil die Hormonproduktion gestoppt wurde. Es kann sogar passieren, dass sich das »unerwünschte« Verhalten verschlimmert.

Wichtig:

➡ Egal, ob Rüde oder Hündin, nach der OP dürfen sie tagelang keine großen Sprünge (z.B. über Gräben oder Baumstämme) machen und sollten an einer nicht zu langen Leine geführt werden. Toben und Rennen ist in der Erholungsphase tabu, sonst vergessen sie sich ganz schnell und es kommt zu Wundheilungsstörungen.

Viele Hunde werden schon vor einer Vermittlung kastriert, die zukünftigen Besitzer haben somit keinen Einfluss auf diese Entscheidung, aber die möglichen Folgen zu tragen. Die Begründungen hierfür sind einerseits Vorsorgemaßnahmen, damit keine unnötigen Fortpflanzungen stattfinden, die noch mehr Tierelend verursachen würden, und andererseits angeblich logistische Vereinfachungen bei der Unterbringung in Tierheimen. Mancherorts schreibt der Gesetzgeber auch bei Hunden bestimmter Rassen und deren Kreuzungen untereinander oder mit anderen Hunden die Unfruchtbarmachung vor. Dann wird kastriert, um dieser Vorschrift Folge zu leisten, statt nur zu sterilisieren, was die Auflage gleichermaßen erfüllen würde. Die erzielten Folgen können dabei kontraproduktiv sein, da bestimmte Aggressionsformen durch eine Kastration erst entstehen oder verstärkt werden können (siehe unten »Nachteile einer Kastration gibt es viele«).

Die im Tierschutz übliche Kastration ist durchaus fragwürdig. Ist sie wirklich eine Hilfe (und letztlich für wen?) oder nicht doch eher eine unnötige Belastung für das Tier? Es gibt bei Abgabehunden viele Gründe, eine Kastration nicht durchzuführen:

● Der schon ältere Hund zeigt »erlerntes (Problem-)Verhalten«, welches sich durch eine Kastration allein nicht ändern wird.

● Der Hund ist ängstlich und verliert nun auch noch seine »Mut-Hormone«, wenn das Testosteron »außer Betrieb« gesetzt wird.

● Der Hund ist schon älter und erfahren. Wird er nun, frisch kastriert, als Zweithund in eine Familie mit einem jüngeren, nicht kastrierten Hund vermittelt, kann dies zu heftigen Machtkämpfen führen.

Hier könnten noch viele weitere, gute Gründe gegen die pauschale Kastrationshandhabung aufgeführt werden!

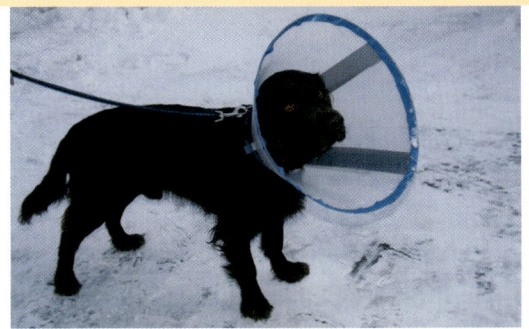

Eine Kastration ist eine »richtige« Operation, von der sich der Hund erholen muss. Vor dem Beknabbern der OP-Narbe schützt ein sogenannter Trichter, angenehmer sind die moderneren »Mondkragen«.

Wichtig:

→ Eine Kastration zur Behebung von Verhaltensproblemen, vor allem bei älteren Tieren, kann kein Allheilmittel darstellen. Hier bietet ausschließlich die Kombination mit einem individuell abgestimmten Verhaltenstraining die Aussicht auf eine Chance.

Nachteile einer Kastration gibt es viele

Dr. Udo Gansloßer konstatiert in seinen diversen verhaltensbiologischen Ausführungen, dass eine Kastration vielerlei Auswirkungen nach sich zieht. Dazu zählen u.a. Bindegewebsveränderungen, Muskelabbau, Fellveränderungen und eine erhöhte Anfälligkeit für Hauterkrankungen. Gerade die in den USA häufig praktizierte Frühkastration, also die Kastration vor Abschluss der physischen und psychischen Reife vor der ersten Läufigkeit der Hündin und vor oder während der pubertären Phase beim Rüden, schafft Tiere, deren Gehirn-

reife be- bis verhindert wird. Der Hund stagniert in einem chaotischen Stadium, welches ihn zeitlebens prägen kann. Konzentriertes, beständiges und in sich ruhendes Verhalten wird u. U. gänzlich unmöglich gemacht. Das Gehirn reift durch Ausbildung von Verknüpfungen, aber auch durch den Abbau nicht genutzter Schaltungen. In diese Reifungsprozesse greift eine Kastration ein, wenn der Hund zu früh kastriert wird. Gerade Hündinnen entwickeln sich mit der Läufigkeit und werden dadurch erwachsen. Die Entwicklung vom Kindheitsschema bis zur ruhigeren, erwachsenen und ausgeglichenen Hündin, ist für den Hundebesitzer vielleicht eine anstrengende Zeit, aber das gehört dazu. Der erwachsen gewordene Begleiter ist zumeist dann auch ein angenehmer. Häufig wird behauptet, dass das Risiko von Tumorbildungen bei Kastration vor der ersten Läufigkeit stark vermindert sei. Statistiken widerlegen aber diese Behauptung!

Viel zu schnell und viel zu früh wird auch heutzutage noch kastriert. Jungtieren wird damit die Chance der Reifung und des Erwachsenwerdens genommen.

Doch was geschieht eigentlich hormonell gesehen mit einem Hund nach der Kastration? Betrachten wir zuerst die Auswirkungen auf das weibliche Tier:

Der Testosterongehalt im Organismus bleibt gleich oder erhöht sich. Testosteron ist aber das »Kampf-Hormon« oder »Mut-Hormon«. Die Wettbewerbsaggression und das soziale Sicherheitsstreben können sich erhöhen, wobei die Selbstverteidigungsaggression aufgrund des gestärkten »Mutes« eher abnimmt. Das ist der Grund, warum nicht wenige Hündinnen nach einer Kastration durchaus zickiger bis aggressiv zu reagieren beginnen. Andererseits können unsichere, zaghafte Hündinnen u. U. etwas gelassener werden. Da der Prolaktinspiegel (Prolaktin = Brutpflegehormon) durch eine Kastration nicht beeinflusst wird, findet sich ein aversives Verhalten, welches aus einer (auch imaginären) Jungtierverteidigung heraus entsteht, durchaus auch bei Kastraten.

Für männliche Tiere lässt sich, verhaltensbiologisch betrachtet, eigentlich gar kein Grund zur Kastration finden. Ihnen wird das Testosteron genommen, was zwar die Wettbewerbsaggression vermindert, jedoch keinerlei Auswirkungen auf den »trainierten Gewinner« hat, der aus seinen aggressiven Verhaltensmechanismen eine Taktik entwickelt hat und dabei lernte, dass ihn dieses Verhalten zum Erfolg führt. Wir haben es hier mit einer konditionierten Aggression zu tun!

Wird der Rüde nicht bereits sehr jung kastriert, so hat diese Maßnahme auch nicht unbedingt Auswirkungen auf sein Sexualverhalten! Läufige Hündinnen behalten u. U. ihre Attraktivität für ihn, es hat sogar schon Kastraten gegeben, die decken! Nur gibt es dann keinen Nachwuchs. Der seines »Mutes« und seines »Selbstbewusstseins« beraubte Rüde neigt zu erhöhter Selbstverteidigungsaggression. Gerade bei eh schon unsicheren Rüden eine fatale

Gern wird die Kastration als Allheilmittel bei aggressivem Verhalten angeraten. Doch so wenig, wie Aggression grundsätzlich schlecht ist, so wenig existiert ein pauschales Abstellen von Verhaltensproblemen nach der Kastration.

Manche Kastration schafft erst Probleme, wo vorher gar keine waren. Doch davon wird kaum gesprochen.

Folgeerscheinung, denn bei diesen führt die Kastration zur Verstärkung der Unsicherheit. In diesem Zusammenhang muss weiter darauf hingewiesen werden, dass Selbstsicherheit Hand in Hand geht mit Bindungssicherheit. Somit können sich auch hier durchaus negative Folgen für die Mensch-Hund-Beziehung ergeben!

Manche Rüden haben nach einer Kastration plötzlich Probleme mit Artgenossen beiderlei Geschlechts. Sie sind nicht mehr eindeutig »identifizierbar« und werden unter Umständen regelrecht bedrängt und belästigt. Auch das Aufreiten auf kastrierte Rüden durch an-

dere männliche Vertreter wird nicht selten beobachtet. Grund dafür kann eine Östrogenansammlung in den Analdrüsen sein, die das Vorhandensein eines weiblichen Tieres vorgauckelt.

Wichtig:

Nach der Kastration von Rüden können stress- und belastungsabhängige Probleme zunehmen, rangorientierte Dinge eventuell abnehmen. Bei Hündinnen verhält es sich eher umgekehrt. Eine Sterilisation hingegen hätte **keinerlei** Auswirkungen auf irgendetwas.

Die vorangegangenen Ausführungen machen (hoffentlich) deutlich, dass eine Kastration **immer** gut überlegt werden muss. Diese Entscheidung kann nicht rückgängig gemacht werden.

Niemals kopflos handeln, erst recht nicht bei einer so endgültigen Entscheidung wie einer Kastration!

Jungspund oder Senior?

»Jung und unschuldig« – oder doch »faustdick hinter den Ohren«?

Haben Sie sich bereits über den Zeitaufwand und die Möglichkeiten der Eingliederung eines Hundes in Ihren Alltag Gedanken gemacht, dann werden Sie auch überlegt haben, welches Lebensalter eines Vierbeiners eher in Frage kommen kann. Ein junger Hund erfordert, nicht nur am Anfang, viel mehr Aufmerksamkeit. Er muss bis zum Erwachsenalter erzogen und »geformt« werden. Der Vorteil hierbei liegt auf der Hand: Sie können viel mehr Einfluss nehmen. Aber man darf dabei auch nicht vergessen, dass die Vorgeschichte und die Vererbung in der späteren Entwicklung immer noch einen großen Einfluss haben kann (siehe auch Kapitel 1 »Ein Welpe aus dem Tierschutz«).

Doch auch beim Senior ist eventuell noch Erziehungsarbeit zu leisten, die vor allem dann etwas Mühe macht, wenn der Hund aufgrund seiner Vorgeschichte bereits diverse »Marotten« verinnerlicht hat. Manchmal geht die Umerziehung, im Vergleich zum Junghund und Welpen, schneller voran, doch manchmal ist es auch ein zeitintensives, nervtreibendes Unterfangen. Und nicht alles lässt sich gänzlich aus der Welt schaffen (siehe auch Kapitel 1 »Ein gestandenes Hundsbild«).

Es gibt auch viele erwachsene Hunde, die, bedingt durch die vorherige Haltung, starken Nachholbedarf haben. Besonders, wenn sie beim Vorbesitzer vieles nicht kennenlernen durften und vieles neu entdecken möchten/müssen. Wenn auf die »Nachholphase« gut und sinnvoll eingegangen wird, kann sie ziemlich schnell mit Erfolg abgeschlossen werden. Der große Vorteil ist, dass der Hund danach meistens eine (für den kurzen Zeitraum) engere Bindung zum neuen Besitzer aufgebaut hat.

Wichtig:

→ Bei einem erwachsenen Hund kann das vorhandene Verhalten nicht komplett geändert werden. Die Erfahrung zeigt aber, dass nicht jedes Verhalten bei jedem Menschen (je nach Lebensweise) als Problem auftritt und/oder als solches empfunden wird. Wie heißt es so schön: »Jeder Topf findet sein Deckelchen!«

Auch ein älterer Hund macht viel Freude und passt manchmal besser in die Lebensumstände als ein junges Tier.

Eines ist aber unausweichlicher Fakt: Einen älteren Hund wird man wahrscheinlich nicht mehr so lange als geliebten Begleiter an der Seite haben können! Abschied vom Hund nehmen zu müssen, ist immer traurig und schwer. Doch gerade der Fell-Senior, der womöglich noch die meiste Zeit seines Lebens in der Familie verbracht hat und diese aufgrund von Schicksalsschlägen verlieren musste, sollte seinen Lebensabend behütet und umsorgt verbringen können. Daher gehört unsere Hochachtung denjenigen Second-Hand-Hundebesitzern, die speziell grauen Schnauzen ein Zuhause bieten. Sicherlich ist es nicht einfach, nach relativ kurzer Zeit den liebgewonnenen Vierbeiner wieder zu verlieren und wieder neu mit einem, womöglich wiederum betagten Nachfolger zu beginnen.

Vitaler Alleskönner oder gehandicaptes Sorgenkind

Clownsgebaren und Wuschel-Outfit lassen schnell die Herzen schmelzen.

Unter einem vitalen Alleskönner versteht man auf jeden Fall einen sehr aktiven Hund. Das kann ein Hüte-, aber auch ein Jagdhund oder ein Mischling sein. Es gibt sie von ganz klein bis mittelgroß.

Sie machen oft entweder durch agil-hektisches, aber auch durch aufdringliches bis unangenehmes Verhalten auf sich aufmerksam. Das kann intensives Bellen, Hin- und Herlaufen, Herum- und Hochspringen und quirliges Gewusel sein. Manchmal sind es richtige Clowns mit vielen verrückten Ideen!

Es gibt aber auch die ruhigeren aktiven Vertreter. Sie sind nur schwieriger zu erkennen, da sie sich nicht so einen großen Auftritt leisten. Aber es lohnt sich auch hier, danach zu suchen …

Diese Hunde brauchen so oder so tagtägliche Auslastung, aber die richtige! Es ist nicht mit einer Jogging- oder Fahrradrunde von 30 Minuten pro Tag getan. Sie neigen dazu, sich immer wieder eine eigene Beschäftigung zu suchen – nicht immer zur Freude des Besitzers. Aber in die richtigen Bahnen gelenkt, können sie ein Traum von einem Hund werden. Wenn man als Mensch gefordert werden will und den Forderungen gerecht werden kann, ist es absolut der richtige Hund.

Die Entscheidung, ein gehandicaptes Sorgenkind aufzunehmen, ist keine einfache und sollte gut überlegt sein. Je nach Schwierigkeitsgrad des Handicaps muss man wissen, was es für das Zusammenleben tatsächlich bedeutet.

Diese Hunde brauchen dringend einen Menschen für sich und sollten nicht die Erfahrung einer »Rückgabe« machen müssen. Eine eigene Familie mit entsprechenden, vertrauten Haltungsbedingungen ist wichtig, damit der Hund, trotz Handicap, richtig »aufblühen« kann. Dadurch schüttet er eher Glückshormone aus, und das Handicap erfährt eine Erleichterung. Auch kranke und gehandicapte Hunde können (und sollten) glückliche Hunde sein! Dazu brauchen sie aber Menschen, die sich dieser, manchmal schweren Aufgabe tagtäglich und ohne Murren stellen.

Das, was diese Hunde an Zuneigung zurückgeben, kann und sollte nicht ermessen werden, aber es ist und bleibt eine schwere Aufgabe, an der man als Mensch durchaus wachsen kann.

Energiegeladener Kleinhund oder gemütlicher Riese?

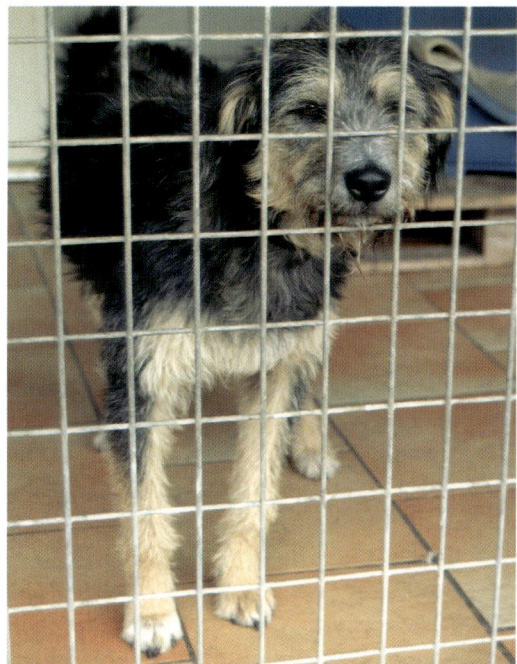

»Unschuldslamm« oder »Faustdick hinter den Ohren«? Auf jeden Fall süß! Mischlinge gibt es in allen Varianten im Tierheim.

Je nach Rasse und Typ Hund sind die Kleinen häufiger sehr agil und dadurch auch gerne fordernd. Sie möchten überall mit dabei sein und zeigen es auch deutlich, haben eine »große Klappe« und einen Hang zum Größenwahn! Hier gilt es, gute Nerven zu besitzen und die Geduld aufzubringen, sich immer wieder durchzusetzen.

Man sollte die Bereitschaft mitbringen, auch durch andere Wege als vorgesehen an das Ziel zu kommen. Als typisches Beispiel können wir hier von dem Jack Russel Terrier sprechen. Für den richtigen Halter eine nette und fröhliche Herausforderung. In den falschen Händen ein nervtötendes, schnell aus dem Ruder geratendes Etwas ...

Oft hat man schon eine gewisse Vorstellung, wie groß der Hund sein soll.

Aber es kommt häufig anders als man denkt! Beim Aussuchen des Hundes kann es schnell passieren, dass die Größe auf einmal nicht mehr vordergründig ist. Wo die Liebe auch hinfällt.

Die Realität aber darf nicht aus den Augen verloren werden. Es hört sich zwar nicht so gut an, aber die Größe des Hundes muss einfach in das eigene Leben »passen«.

Energie pur im Doppelpack.

Die Größenspanne bei Hunden ist immens. So sollte jeder Hundefreund etwas Passendes finden können.

Wenn von einem gemütlichen Riesen gesprochen wird, sieht man etwas Großes wie z.B. einen Bernhardiner oder Neufundländer vor sich. Das diese Körpermasse nicht so schnell und wendig sein kann wie ein Kleinterrier oder zierlicher Pudel, ist verständlich. Sie sind aber, spätestens im erwachsenen Alter, nicht nur körperlich, sondern auch vom Gemüt her ruhiger. Hier liegt eher die Auseinandersetzung mit dem Hund in der Körpergröße und seiner Kraft. Sie wissen, dass sie körperlich überlegen sind, und dem entsprechend versuchen sie, sich damit auch durchzusetzen. Als Beispiel kann hier die Leinenführigkeit genannt werden. Die »Riesen« wissen durchaus, dass sie dort ankommen können, wo sie gerade unbedingt hinwollen, und das setzen sie unter Umständen auf »Komme, was wolle« auch durch. Gemütlich hin oder her, die Großen wie die Kleinen müssen erzogen werden. Ist man selber als Person eher klein und zerbrechlich, sollte man sich im Zweifelsfalle selber eingestehen, dass es vielleicht sinnvoller ist, ein Hilfsmittel bei der Führung des massigen Hundes einzusetzen und sich den Umgang damit durch einen Hundetrainer vermitteln zu lassen. Es muss ja auf den großen Hund nicht verzichtet werden, aber er sollte wissen, dass der Mensch durchaus in der Lage ist, sich gegen die Kraft des Vierbeiners zu behaupten.

Wir haben uns entschieden – und was nun?

Der auserwählte Hund kommt nun in ein neues »Rudel«, in einen neuen, unbekannten Familienverband dazu. Hier muss er seinen eigenen Platz und seine eigene Stelle erst finden. Je mehr der Mensch ihm dabei hilft und ihn anleitet, desto einfacher für beide Seiten. Gewisse Regeln und Grenzen müssen unbedingt von Anfang an innerhalb der Familie abgesprochen sein, konsequent eingehalten werden und für den Hund klar erkennbar sein.

Je nach Hundetypus können manche Regeln nach der »Klärung« später wieder gelockert werden, doch das muss die Zeit zeigen und bringen. Stellen sich aber neue oder bereits überwunden geglaubte Probleme wieder ein, sollten die ursprünglich aufgestellten Regeln wieder beachtet und bis zur erneuten Klärung durchgezogen werden. Und dies bitte von allen zuständigen, erwachsenen Familienmitgliedern, die sich ihrer Vorbildfunktion auch für das vierbeinige »Kind« bewusst sein sollten! Wie Eltern gelten sie auch für den Hund als Erzieher, die die Fellnase in die richtigen Bahnen lenken, von außen zuschauen und eingreifen, wenn der Hund seine Grenzen überschreitet, kontrollieren und korrigieren. All das hat aber nichts mit harten und gewalttätigen Maßnahmen zu tun, und ganz sicherlich demonstriert niemand über Geschrei und Schläge einen vermeintlichen »Chef« oder den, eh längst überholten »Alpha«-Status! Es geht um Verstehen und Verständnis, Geduld und Ruhe, Authentizität und vor allem um Konsequenz. Hierbei spiegeln sich durchaus Ähnlichkeiten zu der Erziehung von Kindern wieder. Nur mit dem wichtigen Unterschied, dass man Kindern erklären kann, warum man gerade doch einmal inkonsequent ist. Beim Hund geht das nicht, mit eventuell fatalen Folgen!

Wichtig:

→ Wo es auf Entscheidungsfindung ankommt, treffen die Eltern die Entscheidungen und nicht die Kinder. So sollte es auch im Umgang mit dem Hund sein. Nur müssen die Hundebesitzer lernen zu erkennen, welche Entscheidungen für den eigenen Hund wichtig sind, warum er sie wie fällen will und worauf es ihm dabei ankommt. Sicherlich der schwierigste Teil! Deshalb ist die Auseinandersetzung mit Hundeverhalten, Gestik, Mimik und sonstiger körpersprachlicher Merkmale dringend anzuraten. Viele »Missverständnisse« könnten dann sicherlich vermieden werden.

Kind und Hund gehören zusammen, aber die Verantwortung liegt bei den Erwachsenen!

Unser Hund zieht ein!

Bevor der große Tag des Hundeeinzugs wirklich gekommen ist, sollte der Familienrat unbedingt noch einmal tagen. Gehören Kinder mit zur Familie, dürfen sie auf jeden Fall mit dabei sein und in die Überlegungen und Absprachen mit eingebunden werden. Regeln, bei denen man mit entschieden hat, werden später besser eingehalten. Außerdem kann man ihnen ab einem bestimmten Alter ein kindlich angepasstes (!) Maß an Verantwortung mit übertragen. Wichtig ist es, sich über nachfolgende Punkte Gedanken zu machen und den Hund klare Vorgaben antreffen zu lassen:

Für Kinder ist ein Hund ein toller Kamerad. Ab einem bestimmten Alter können sie auch in die Versorgung des Vierbeiners mit eingebunden werden.

Räumliche Grenzen

Berücksichtigt man das Leben von Wildtieren, so treffen in der Regel nur die »Familienoberhäupter« alle wichtigen Entscheidungen. Das beinhaltet auch das Recht, sich im Revier frei zu bewegen. Ist es der »Chefriege« egal, was die Anderen gerade machen, so können auch diese herumlaufen, spielen, tollen, sich ablegen, wo es ihnen gefällt. Sie entscheiden aber auch darüber, wer in seiner Bewegungsfreiheit eingeschränkt wird und wer nicht. Dieses muss auf den Hund in der Familie übertragen werden, und die hierzu erforderlichen Entscheidungen sind von den Erwachsenen zu treffen und durchzusetzen. So muss der Hund lernen, dass er nicht unbedingt überall und zu jeder Zeit liegen, gehen, dabei sein darf, und ganz sicherlich nicht den zweibeinigen Familienmitgliedern, hier vor allem den Kindern, den Bewegungsradius beschränken und sie in ihrem Tun kontrollieren darf. Andererseits müssen auch die Kinder lernen, dass sie nicht immer und überall dem Hund ihren eigenen Willen zur Kontaktaufnahme aufdrängen dürfen und dem Vierbeiner Ruhezonen und -phasen zugestehen müssen.

Gemeinsam soll darüber gesprochen werden, in welche Räume der Hund darf und in welche nicht. Kinderzimmer und Bad eignen sich hervorragend als Tabuzonen. Auch kann der Hund so erzogen werden, dass er z.B. während des gemeinsamen Familienessens aus dem Raum gehen muss. Das verhindert das Ausleben einer eventuell vorhandenen, aber noch nicht entdeckten Futteraggression, wenn vielleicht Kindern etwas herunterfällt, was sie

61

Bettler werden nicht geboren, Bettler werden gemacht!
Deshalb: Wehret den Anfängen!

Standort Wasser- und Futterschüssel

In der Zeit des Aufenthalts im Tierheim hat der Hund vielleicht gelernt, seine Schüsseln zu verteidigen. Um Gefahrenpotential für die Familie und Stresspotential für den Hund zu vermeiden, sollten sie deshalb nicht an einem Ort aufgestellt werden, wo Durchgangsbetrieb herrscht, Besuch hereinkommt oder herausgeht, und auch nicht dort, wo die Kinder herumtoben. Nur so kann vermieden werden, dass der Hund sich »gezwungen« fühlt, seine Schüsseln zu verteidigen. Nicht zu vergessen ist aber, dass der Hund, auch beim Alleinesein Zugang zu Wasser haben muss. Bei großwüchsigen Hunden empfiehlt sich der Gebrauch eines Futterständers. Die erhöhte Platzierung der Futterschüssel ermöglicht eine Nahrungsaufnahme im Stehen, was z.B. einer Magendrehung vorbeugt. Man kann einen erhöhten Futterplatz auch selber basteln, indem man etwas unter die Futterschüssel stellt. Dann aber bitte auf Standfestigkeit achten, damit der Hund sich nicht erschreckt und Angst vor der eigenen Schüssel entwickelt. Natürlich ist für den Ständer ein ungestörter Standort zu finden.

aufheben wollen, schützt aber auch vor dem Nachgeben des eigenen »weichen Herzens«, wenn der Hund mit großen, traurigen Augen jeden Bissen zum Mund verfolgt und ihm dann doch, entgegen aller guten Vorsätze etwas zugesteckt wird und dem Hund somit das Betteln am Tisch beigebracht wird.

Wichtig:

➡ Den Hund nie vom Tisch oder der Arbeitsplatte füttern! Dadurch wird das Interesse daran unnötig geweckt. Er könnte unter Umständen anfangen, in der Nähe des Tisches oder der Küche Besucher, eventuell aber auch die eigene Familie zu attackieren. Er verteidigt Futterressourcen! Das können bereitstehende Naturalien sein, aber auch heruntergefallene Essensreste, die als verteidigungswürdig eingestuft werden. Hier spielt natürlich wieder die Vorgeschichte eine große Rolle.

Wichtig:

➡ Bei Schüsseln aus Metall ist zu beachten, dass bei heiß eingeweichtem Futter immer mit dem Finger nachzufühlen ist, ob das Metall nicht noch zu heiß ist, wenn der Hund daraus fressen soll.

Keine privilegierten und erhöhten Liegeplätze in Haus und Garten

Der Liege- und Ruheplatz des Hundes sollte ihm Anschluss an seine Familie gewähren ohne ihn zur Verteidigung dieses Privilegs, denn ein solches ist es, zu verleiten. Wo sollte der Hund sich deshalb nicht hinlegen dürfen? Manchmal ist zwischen Tagesplatz und Aufenthaltsort für die Nachtruhe zu unterscheiden.

Der Hund sollte nicht alles im Blick haben können. Bedenken wir das bereits deutlich Festgestellte: Er hat keine Entscheidungsfreiheit bzw. sollte sie nicht haben. Also sollte er nicht in die Lage gebracht werden, Entscheidungsträger zu Vorgängen im und ums Haus zu werden. Setzt er sich zum Beispiel am liebsten auf einen bestimmten Sessel, weil er von dort aus die am Grundstück vorbeilaufenden Personen, eventuell noch mit Hund, ganz genau beobachten kann, wird er womöglich jedes Mal mit Bellen und Wüten seine Anwesenheit und Verteidigungsbereitschaft des eigenen Territoriums kundtun. Schon können wir den Anfang eines (selbstgemachten) Problems haben, was in kurzer Zeit alle belastet und nur unter Aufbietung von sehr viel Zeit wieder abzutrainieren ist.

Gleiches ist zu sagen, wenn der Hund von seinem Sesselthron aus womöglich Besucher oder die eigenen Familienmitglieder argwöhnisch beobachtet und knurrend auf Distanz zu halten versucht. Sofort runter mit dem Pseudo-König und absolutes Beschneiden dieses Privilegs!

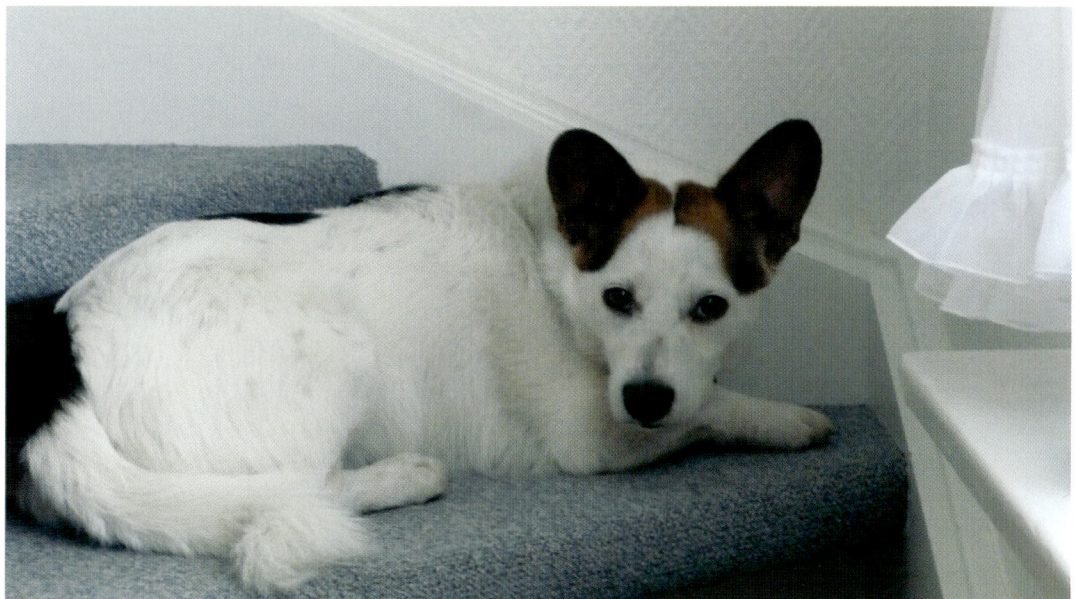

Manche Hunde suchen sich strategisch günstige Liegeplätze. Wenn hieraus Problematiken entstehen, muss das Privileg beschnitten werden. Nicht vom Hund ausgenutzte Privilegien dürfen aber nach Herzenslust zugestanden werden.

Schnell demonstriert der Hund, was für ihn ein angenehmer Schlummerplatz ist.

Was eignet sich als Liegestätte? Ein Kissen, eine Matratze, eine Decke, ein Weiden- oder Plastikkorb? Was kennt der Hund bis jetzt? Ist man sich nicht sicher, kann zuerst eine Decke hingelegt werden. Der Hund zeigt ziemlich schnell, was er mag und was nicht! Aus unserer Erfahrung heraus sei erwähnt, dass ein Weidenkorb oft und gern in alle Einzelteile zerlegt wird, sei es aus Beschäftigungsbestreben, aus Spaß an der Freude, aus Trauer oder zum Stressabbau.

Tipp:

→ Die Ausstattung für den Hund sollte gut überlegt und in Ruhe besorgt werden. Fehlkäufe sind teuer und vermeidbar. Lassen Sie sich mehrfach beraten, damit Sie sich besser entscheiden können. Vielleicht haben Sie die Möglichkeit, bei Freunden für den Anfang etwas auszuleihen, um ausprobieren zu können, was sich in der Praxis besser oder schlechter bewährt.

Wichtig:

→ Sind Kinder mit im Hause, so muss der Hund lernen, dass er sich zurückziehen kann und/oder muss, wenn ihm der hektische Trubel »zu viel« wird. Als Rückzugsort ist sein Körbchen ebenso geeignet wie ein abgelegener Raum, in welchem für ihn eine Decke oder ähnliches liegen könnte.
Doch haben auch die Kinder zu lernen, dass sie den Hund im Rückzugsbereich in Ruhe lassen müssen! Eine klare Ansage wäre: »Der Hund ist absolut tabu, wenn er im Körbchen oder auf der Decke liegt!« Dies bitte ohne Ausnahmen durchsetzen und befolgen lassen – von allen Beteiligten.

Der beste Zeitpunkt der Abholung – wann ist er?

Das ist ganz einfach zu beantworten: Wenn die Zeit dafür »reif« und – vor allem – vorhanden ist. Der Hund kann nicht zwischen Arbeit und Kindergarten »mal eben« einfach so abgeholt und in die Familie »reingesetzt« werden. Es muss genügend Zeit eingeplant und gegeben sein. Nur das Wochenende für die Eingliederung zur Verfügung zu haben und den Neuzugang dann gleich am Montag schon stundenlang alleine zu lassen, ist absolut unmöglich! Sie wissen doch noch gar nicht, was auf Sie mit Einzug des Vierbeiners jetzt im Alltag alles auf Sie zukommt. Zur Sicherheit sollten Sie ein paar Tage Urlaub einplanen, gerne in Abwechslung mit anderen Familienmitgliedern.

Falls der Hund später stundenweise alleine bleiben muss, muss dies unbedingt erst geübt werden. Damit kann schon ab dem vierten Tag begonnen werden. Auch diese Übungszeit müssen Sie unbedingt von Anfang an mit einplanen. Wie Sie dieses Training am besten gestalten, erklären wir im nächsten Abschnitt.

Die ersten Tage im neuen Zuhause

In der ersten Zeit sollte die komplette Familie zuhause sein, also nicht der Vater auf Geschäftsreise, der Sohn im Landschulheim, die Tochter über Nacht bei der Freundin und die normalerweise zum Haushalt gehörende Oma im Urlaub! Es sollte der ganz »normale« Alltag stattfinden, damit der Hund schnell lernen kann, wer und was alles zum Tagesablauf dazugehört.

In den ersten drei Tagen sollte auf Besucher verzichtet werden, auch wenn der neue Hausgenosse noch so niedlich, friedlich, lieb und süß ist und deshalb ganz schnell allen Freunden vorgestellt werden muss. Das kann nach der 3-Tage-Schonfrist immer noch passieren,

Allein zurückzubleiben, muss erst gelernt werden können.

und dann ist die Konfrontation mit fremden Menschen auch unbedingt (!) notwendig. Aber nicht bitte alle auf einmal einladen, sondern lieber jeden Tag jemand anderes! Das gilt übrigens gleichermaßen für Welpen wie für ältere Hunde.

Der alltägliche Tagesablauf sollte so wenig wie möglich verändert werden. Nur mit dem Unterschied, dass der Hund zwischendurch Aufmerksamkeit und seine Spaziergänge bekommt.

Wichtig:

 Es darf sich auf gar keinen Fall plötzlich alles nur noch um den Hund drehen!

Trainingsaufbau »Alleine bleiben«

Egal, wie alt der übernommene Hund real ist, bauen Sie die Übung auf, als hätten Sie es mit einem Welpen zu tun. Hierdurch werden Sie leichter erkennen können, auf welchem Stand das »Alleine-bleiben-Training« bei Ihrem neuen Familienmitglied ist, und Fehler bei der Vorgehensweise des Übens sind eher vermeidbar.

Trainingsschritte:

1. Üben Sie zuerst kurzzeitige Phasen in der Wohnung oder im Haus, indem Sie beiläufig und ohne den Hund zu beachten in ein anderes Zimmer gehen und die Tür hinter sich schließen. Nach nur wenigen Sekunden kommen Sie zurück, aber bitte wieder ohne großes Aufheben zu machen! Es ist eben

»normal«, dass sie kommen und gehen. Und genau das soll der Vierbeiner ja lernen. Überlegen Sie, was für den Hund in dieser Situation das Größte ist. Klar, wenn diese Tür wieder aufgeht und Sie wieder bei ihm sind! Das bedeutet aber: Egal, ob er bellt oder piepst, diese Tür geht dann nicht auf. Erst in der Sekunde, in der er ruhig ist, wird sie **sofort** aufgemacht, und Sie sind wieder da! Je kürzer Sie die ersten Übungseinheiten halten, umso weniger Gelegenheit zu (negativer) Reaktion hat der Hund. Nutzen Sie diese Chance für ihn. Nach Ihrer Rückkehr machen Sie weiter mit dem, was Sie vorher getan haben, als ob nichts passiert wäre. Ist es ja auch nicht! Hier gilt es, Geduld zu haben und die richtige Sekunde abzuwarten. Die Zeit wird nur langsam gesteigert. Bleibt der Hund liegen oder wartet ruhig auf Ihre Rückkehr, wenn Sie ein Zimmer verlassen und die Tür hinter sich schließen, dann dürfen Sie mit der Haustür anfangen.

2. Hier gilt die gleiche Vorgehensweise, nur mit dem Unterschied, dass es bei längerer Wartezeit besser sein kann, wenn der Hund nur den Flur zum Warten und Verweilen zur Verfügung hat (inklusive Liegeplatz und Wasser). Hier kommen Sie als erstes wieder herein, er bekommt es also sogleich mit. Der Flur ist kleiner und übersichtlicher, außerdem ähnelt er eher einer »Höhle«. Dadurch kommt das Fellknäuel sich nicht so alleine und verloren vor. Die Größe des zur Verfügung stehenden Raums ist oft auch der Grund, warum viele Hunde im Auto eher alleine gelassen werden können als in der Wohnung.

Manchem Hund hilft es, wenn sein Bewegungsradius beim Alleinsein etwas beschränkt wird, und er z.B. nur noch den Flur zur Verfügung hat, statt im gesamten Haus herumspazieren zu können.

Tipp:

Wenn der Hund nicht gerne alleine zurückbleibt, kann ein gefüllter »Kong« ihm helfen, die Wartezeit zu überstehen. Mit diesem darf er sich beschäftigen, daran schlecken und beißen, die Füllung herauslecken und seinen gesamten Frust dabei und daran auslassen. Das ist ganz schön anstrengend und anschließend lässt sich oft eher ruhen. Testen Sie aber bitte vorher aus, wie der vierbeinige Hausgenosse mit dem Kong umgeht! Und sparen Sie nicht am falschen Ende, sondern greifen Sie zum Original, das ist erfahrungsgemäß am stabilsten.

Mit dem Fellkumpan raus in die Welt

In den ersten Tagen sind mehrere kurze Spaziergänge sinnvoller als nur zwei große Runden zu drehen. Kurz ist natürlich relativ und immer in Abhängigkeit zu der Größe und dem Alter des Hundes zu sehen. Der Hund soll seine neue Umgebung gut kennenlernen können. Kommt er öfter raus, wird sich seine Aufregung viel schneller legen. Ein weiterer Vorteil liegt darin, dass er unterschiedlichen Reizen ausgesetzt wird, vor allem dann, wenn nicht immer derselbe Weg mit ihm entlanggelaufen wird. Dadurch kann der Besitzer ihn in verschiedenen Situation erleben und lernen, die Reaktionen des Neuankömmling besser einzuschätzen. Und das ist äußerst wichtig! Außerdem ist der aktuelle Konditions- und Gesundheitszustand leichter zu erkennen.

Steht und läuft der Hund stabil auf seinen Beinen oder verliert er vielleicht schnell das Gleichgewicht? Benötigt er gezieltes Training zum Muskelaufbau? Geht er ständig in einer Schonhaltung (z.B. im sogenannten Passgang, bei welchem Vorder- und Hinterlauf der gleichen Körperseite gleichzeitig vor- und zurückgesetzt werden) und setzt oder legt sich sogleich hin, wenn der Mensch auch nur kurz stehen bleibt?

Sollten Sie Ungewöhnliches feststellen, so ist dies ein Grund, in der nächsten Zeit einmal den Tierarzt aufzusuchen und zu befragen. Doch bitte nicht in der ersten Woche, wenn es kein dringender Notfall ist! Auch lässt sich erkennen, in wie weit er Umweltreizen gewachsen ist. Bitte grundsätzlich auf Überforderungen achten, psychischer wie physischer Art.

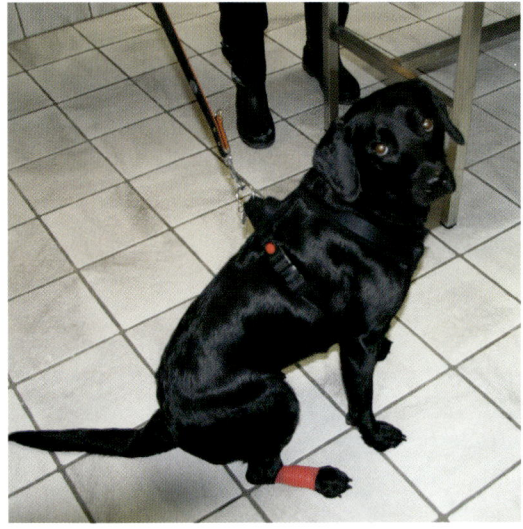

Irgendwann steht für jeden Hund einmal ein Arztbesuch an.

Tierarztbesuch mit dem neuen Hausgenossen

Tierarztbesuche sind so eine Sache. Kennt man den Hund noch nicht genauer, dann weiß man auch nicht, was für eine Reaktion von ihm auf die tierärztlichen Manipulationen zu erwarten ist. Fragen Sie ruhig noch einmal ausdrücklich im Tierheim nach, ob die Mitarbeiter Ihnen hierzu etwas sagen können. Vielleicht macht der Hund immer einen riesen Aufstand, der viel schlimmer aussieht, als er tatsächlich ist. Vielleicht aber braucht der Hund sogar einen Maulkorb, um die erforderliche Behandlung über sich ergehen zu lassen. Dass sollte man bestenfalls vorher wissen, sonst kann es passieren, dass der Tierarztbesuch zum Fiasko wird und der Hund seine eventuelle panische Angst

noch steigert. Womöglich wird der Tierarzt auch attackiert und/oder gebissen – kein guter Anfang bei dem Tierarzt Ihres Vertrauens.

Wenn die Möglichkeit besteht, so machen Sie ruhig mehrmals kleinere Spaziergänge zum Tierarzt, ohne dass dort eine Behandlung durchgeführt wird. Vielleicht kann er dort ein besonders schmackhaftes Leckerchen vom Doktor und dem Praxispersonal erhalten und die Erfahrung machen, dass dieser merkwürdig riechende und mit allerlei mehr oder weniger verunsicherten Artgenossen besetzte Ort gar nicht so schlimm ist. Er sollte fröhlich angesprochen werden, aber nicht unbedingt gestreichelt, da sonst die von ihm womöglich gefühlte Angst bestätigt würde beziehungsweise er sich bedrängt fühlen kann. Fragen Sie Ihren Tierarzt ruhig nach einer solchen Besuchsmöglichkeit, es würde sich für die Zukunft wirklich lohnen.

Hat der Hund aber schon panische Angst vor dem Tierarzt, sollte unbedingt die Hilfe eines professionell arbeitenden Hundetrainers in Anspruch genommen werden. Nur so kommt man schneller zum Erfolg – und der Hund wird entlastet.

Eingewöhnungszeit: Ja oder Nein?

Diese Frage wird mit einem ganz klaren »Jein« beantwortet! Ja – in Bezug auf die Zeit, die man sich nehmen muss, um die Eingewöhnung behutsam und stimmig vonstatten gehen zu lassen. Nein – in Bezug auf Schonung vor Regeln und Grenzen. Diese müssen, wie schon erklärt, sofort mit dem Einzug des Hundes feststehen und konsequent umgesetzt und durchgezogen werden.

Der Hund braucht, je nach Vorgeschichte, durchschnittlich zwei bis vier Wochen bis er sich eingelebt hat. Diese Zeit darf aber nicht ungenutzt verstreichen!

Der größte und häufigste Fehler, der bei der Übernahme eines »Second-Hand-Hundes« gemacht wird, ist, dass dem Hund eine Eingewöhnungsphase zugestanden wird, in der er tun und lassen kann, was er will, ohne dass ihm Grenzen gesetzt werden. Er ist ja so ein »armer« Hund, er hat bestimmt so viel Schreckliches erlebt, nun soll für ihn alles besser werden, da darf man doch nun nicht sogleich »hart« mit ihm umgehen! Vieles wird entschuldigt, vieles nachsichtig hingenommen, vieles unkommentiert durchgehen gelassen. Oft bahnt sich dadurch aber gerade erst die Katastrophe für Hund und Mensch an.

Vorsicht: Risikofaktoren

- Der Hund erhält die volle Aufmerksamkeit seiner Menschen und alles dreht sich nur um ihn. Da er diese individuelle Zuwendung im Tierheim so nicht hatte, können sich viele Probleme daraus entwickeln. Vielleicht verhält er sich zukünftig extrem aufdringlich, weil er erfahren hat, dass er Zuwendung leicht einfordern kann. Unter Umständen entwickelt er sozial motiviertes Abwehrverhalten, da dies Privileg, die Nähe und »Umtüddelung« seiner Zweibeiner für ihn verteidigungswürdig erscheint. Auch Trennungs- und Verlustängste entstehen so leichter, wodurch der Hund vielleicht große Schwierigkeiten hat, zukünftig auch einmal allein zu bleiben. Oder es entwickelt sich ein Kontrollverlustverhalten und der Hund reagiert massiv »wütend«, wenn seine

Menschen sich nicht mehr in seinem Beobachtungsradius befinden. Übel zugerichtete Wohnungen werden in solchen Fällen nicht selten angetroffen, wenn die Besitzer nach Abwesenheit zurückkommen.

Wichtig:

→ Durch das starke Verlangen nach Nähe und Anschluss, suchen sich viele Hunde aus zweiter Hand gerne einen Menschen in der Familie aus, hinter dem sie ständig hinterherlaufen. Wenn dies so auch bei Ihnen der Fall ist, ist es höchste Zeit, die »Verfolgungswut« nach und nach zu unterbinden. Jeder Besitzer freut sich natürlich, wenn sein Hund vermeintliche Bindung zeigt, indem er ständig die Nähe des Menschen sucht. Für die harmonisch ausgerichtete Beziehung ist dies aber keine gute Entwicklung. Der Hund muss lernen, dass er auch ohne die direkte Nähe seines Menschen sehr wohl »überleben« kann. Später könnte es dazu führen, dass er ohne sie nicht zuhause allein bleiben möchte (auch wenn andere Familienmitglieder da sind) oder womöglich die soziale Nähe vehement zu verteidigen bereit ist. Vielleicht geht er mit niemandem sonst mehr spazieren oder zum Tierarzt, nimmt von anderen Familienmitgliedern kein Futter, lässt Besucher nicht in die Nähe seines »Ein und Alles«! Überlegen Sie, was das alles im Alltag bedeuten kann, z.B., wenn Sie einmal krank werden. Handeln Sie deshalb bitte vorausschauend.

Ein Zuviel an Aufmerksamkeit ist ebenso problematisch wie ein Zuwenig. Der Mensch sollte weder ein 24-Stunden-Hundesitter sein, noch ein Fulltime-Alleinunterhalter.

● Dem Hund werden zu viele Privilegien zugestanden. Er darf z.B. auf das Sofa und schläft mit im Bett. Hieraus entwickeln sich leicht Wettbewerbsaggressionen und sozial motivierte Verhaltensweisen, die den Alltag mit dem Fellkumpan zukünftig nachhaltig belasten.

Mit Privilegien sollte sorgsam umgegangen werden. Nicht jedes Hundeindividuum ist bereit, den gemütlichen Platz auf dem Sofa friedfertig zu teilen. Diese Beiden aber genießen die traute Zweisamkeit.

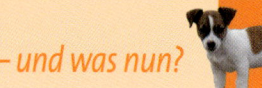

Nicht jeder bellende, knurrende Hund demonstriert Mut mit diesem Verhalten. Der Hütehund-Mix reagiert aus purer Unsicherheit heraus abweisend, was seine Körpersprache deutlich ausdrückt.

● Der Hund verfällt in ein »süßes«, pseudomutiges Ankläffen von Familienmitgliedern und Besuchern, was häufig auch noch vom Besitzer damit erklärt wird, dass er sich schon »heimisch« fühlt und »sein Reich«, »sein Spielzeug« und »seine Menschen« toll bewacht. Ja, wirklich »toll«! Nur leider wird dabei oft übersehen, dass der Hund schon Scheinattacken ausführt, von welchen der Weg zum ersten »richtigen« Zupacken nicht mehr weit ist. Durch falsches Bestätigen von unerwünschtem Verhalten, kann sich der Hund in kürzester Zeit sehr unangenehm entwickeln. Sogar – und gerade – ängstliche Hunde werden hierbei größenwahnsinnig und schikanieren mit ihrem Verhalten die ganze Familie samt Freundes- und Bekanntenkreis – und das mit Erfolg!

● Der Hund führt ein gutes Leben und tut, was er will und wie er es will. Das Schlimmste dabei ist, dass die Menschen es nicht einmal mitbekommen, wie schnell und perfekt der Hund sie »im Griff« hat. Erklärt man ihnen das hundliche Verhalten, zeigt die Hintergründe und die Folgen auf, sind sie zumeist sehr überrascht.

● Leider werden gerade ängstliche Hunde von den neuen Besitzern praktisch dazu gedrängt nach vorne zu gehen und die Situation für den – in Hundeaugen unfähigen – Menschen zu übernehmen und zu regeln. Hierzu ein Beispiel: Hat der Hund Angst bei Hundebegegnungen, verhält sich aus Unsicherheit aversiv und randalierend und wird vom Menschen dann dabei jedes Mal an der Leine kurzgenommen und vom Artgenossen weggezerrt, werden diese Situationen von Mal zu Mal negativer für den Hund besetzt. Der Mensch reagiert aufgeregt, hektisch, bei großwüchsigen Hunden aus der Sorge um ein sicheres Haltenkönnen womöglich noch extremer, und vermittelt dem Hund, dass er selber mit der Situation völlig überfordert ist. Überforderter Mensch, überforderter Hund – eine mehr als ungünstige Kombination. Für den Hund »stinkt« der Mensch

Eigene Unsicherheit des Menschen und Unterlassung in der Vermittlung von Abbruchsignalen führen leicht zur Etablierung von Fehlverhalten beim Hund.

dabei förmlich nach Stress und signalisiert: »Ich brauche Hilfe!«. Also versucht der Hund »Beistand« zu leisten, indem er noch intensiver in die Leine geht und zukünftig andere Hunde bereits aus Kilometer Entfernung anbellt und anknurrt getreu dem Motto: »Angriff ist die beste Verteidigung«. Das kann sich bei Erfolgsempfinden des Hundes zur ausgeprägtenAggressivität steigern.

Solche Hunde sind absolut nicht dazu geeignet, als Erste nach vorne zu gehen. Sie brauchen dringend einen Menschen, der in der Lage ist, die Situation alleine zu meistern und dies auch dem Hund deutlich zu vermitteln. Jeder kann dazulernen, manche mehr, manche weniger. So oder so, in erster Hand braucht der Mensch Hilfe und nicht der Hund! Die Hilfe für den Hund muss vom Besitzer kommen, aber das muss dieser auch selber erst lernen. Der Hund hat nur eine Chance, wenn der Besitzer sich schleunigst bei einem kompetenten Hundetrainer meldet und bereit ist Hilfe anzunehmen. Im Nachhinein wird es immer schwieriger, einmal gelernte und antrainierte Taktiken wieder zu ändern, auch wenn es teilweise machbar ist. Aber es erfordert viel mehr Disziplin des Neubesitzers, als wenn es schon von vornherein beachtet worden wäre. Hier scheitern nicht Wenige. Entweder leben Mensch und Hund dann weiterhin damit oder der Besitzer gibt traurig auf und der Hund landet wieder im Tierheim. Dem Hund hat es überhaupt nichts genützt, sondern er hat jetzt auch noch etwas völlig Unnötiges dazugelernt.

Nach so einer Geschichte, trauen sich viele Menschen nicht mehr, einen Hund aus zweiter Hand zu sich zu holen. Lieber wird stattdessen ein Welpe genommen. Dabei war der Hund unschuldig an diesem Verlauf, und da der Fehler beim Menschen lag, wird er sich beim neugewählten Welpen durchaus wiederholen können.

Übrigens lässt sich die beschriebene Situation ebenso für einen Hund mit übersteigertem Selbstbewusstsein oder mangelnder Sozialkompetenz denken. Auch hier gilt es für den Menschen, die Führung in der Situation und durch sie zu übernehmen. Die sinnvolle Zusammenarbeit mit einem Hundetrainer gerade in der Anfangszeit kann viele Missverständnisse und Fehlreaktionen zu vermeiden helfen!

● Manche Tierheim-, Tierschutz- oder sonstige Abgabehunde leiden unter Trennungs- oder Verlustängsten. Der neue Besitzer muss wissen, wie damit umzugehen ist, damit dies Verhalten sich nicht weiter verschlimmert, sondern nach Möglichkeit abgebaut werden kann. Der ehemals fröhliche Hund wird zu-

Gemeinsam kann vieles erträglicher sein.

sehends stiller, vielleicht sogar apathisch. Er liegt nur herum, will nicht mehr spielen, bei den Spaziergängen wirkt er gelangweilt.

Wurde der Hund aus dem Tierheim übernommen, so hat er mindesten eine Trennung hinter sich. Diese hat er aber meistens schon im Tierheim verarbeitet.

Ein Hund aus dem Tierheim trauert nicht um sein Tierheimdasein, er ist nicht bedrückt, weil er dorthin zurück möchte, sondern eher deshalb, weil er entweder vorher als Zweithund gehalten und von diesem getrennt worden ist, oder weil er mit einem anderen Hund im Zwinger zusammen lebte, von dem er durch die Vermittlung getrennt wurde.

Eine Ausnahme bilden Tierheimhunde, die schon jahrelang im Tierheim gelebt haben und mit ihrem Leben im Zwinger sehr zufrieden waren.

Oft waren sie auch vorher schon längere Zeit reine Zwingerhunde und fristeten ein Dasein, ohne große Zuwendung zu erfahren. Für einen neuen Besitzer ist es sehr schwer, einen trauernden Hund anzuschauen. Man hat Mitleid und wird selbst traurig. Was der Hund jetzt braucht, damit er sich nicht weiter in sich selbst zurückzieht und verkriecht, ist Ablenkung und Beschäftigung. Auch eine homöopathische Unterstützung durch einen erfahrenen Tierheilpraktiker ist zu empfehlen.

Mit ein bisschen Glück, kommt vielleicht die hauseigene Katze oder ein befreundeter Hund als Kumpelersatz in Frage, was mit viel Geduld und Zeit ausprobiert werden kann. Es muss nicht gleich von Anfang an die »dicke Freundschaft« sein, Hauptsache, es kommt eine Annäherung zustande. Was daraus entsteht, wird die Zeit zeigen. Nur nicht aufgeben!

Zeit, Geduld und Ruhe – das ist es, was ein Tierschutzhund von seinen Menschen am Anfang im neuen Zuhause braucht.

Zum Umgang
mit Second-Hand-Hunden

Der Hund lernt in erster Linie für sich selbst!

Hunde sind Opportunisten – durch und durch! Das bedeutet, sie tun eigentlich nichts ohne Grund und vor allem nichts, wovon sie nicht einen deutlichen Vorteil hätten. Diese Tatsache sollten wir Menschen nicht aus dem Auge verlieren, denn dadurch erklärt sich das hundliche Verhalten zutreffend.

Es bedeutet aber auch, dass wir genau aufpassen müssen, welches Verhalten wir belohnen und beloben. Und das sollten nur die Verhaltensweisen sein, die wir gerne sehen möchten! Es gibt aber auch Situationen, wo der Hund sich durch sein Verhalten selbst belohnt – und deshalb dieses Verhalten liebend gern immer wieder zeigt, ob es uns gefällt oder nicht. Das kann das Klauen vom Tisch bedeuten, das Jagen des Kaninchens auf der Wiese oder Nachbars Katze im Garten oder das ständige Schlummern auf den Sofakissen, wenn die Herrschaften außer Haus sind und das eigentliche Verbot nicht durchsetzen können! All´ dies ist für Kumpan Hund lohnenswert, er hat Erfolg, er hat Spaß, er genießt die kuschelige Gemütlichkeit – also wird er es gerne wiederholen ...

Wichtig: Der Hund lernt 24 Stunden am Tag!

Wie Sie merken, geht es ganz schnell, dass der Hund sich selbst etwas beibringt, was er bestimmt nicht gerne und freiwillig wieder aufgibt. Solche Situationen gibt es mehr als man denkt. Auch Fehlverhalten anderer Hunden gegenüber lässt sich so im »Selbststudium« einüben. Es muss sich in irgendeiner Weise für den Hund gelohnt haben, vielleicht einfach dadurch, dass ein Kontrahent z.B. auf eine Scheinattacke hin schleunigst Fersengeld gegeben hat. Achten Sie deshalb im alltäglichen Umgang mit Ihrem Vierbeiner auf solche Verknüpfungsmöglichkeiten!

Bei der Erziehung des Hundes können wir uns nicht auf Loben und Bestätigen beschränken, wir kommen auch um das Strafen, die Zurechtweisung, die Korrektur nicht herum. Nur ist es wichtig zu wissen, wie! Und es muss so geschehen, dass der Hund es auch versteht.

Hunde denken nicht wie Menschen

Hunde verknüpfen Situationen und lernen aus den durch sie gemachten Erfahrungen. Diese Tatsache bedingt, dass viele Hunde Verhaltensweisen an den Tag legen, die dem Besitzer hier und da das Leben mit dem Vierbeiner doch etwas belasten. Das trifft gerade für Hunde aus dem Tierschutz zu, zumal bei ihnen die unbekannte Vorgeschichte das Verstehen und Nachvollziehen zusätzlich erschwert. Zwei wesentliche Themen hierbei sind Unsicherheit/Angst und Aggression. Hundebesitzer, die mit diesen Problematiken im Alltag konfrontiert werden, sind immer gut beraten, fachmännische Hilfe in Anspruch zu nehmen, da sie selbst häufig mit diesen Auffälligkeiten hilflos überfordert sind. Deshalb möchten wir auch im Rahmen dieses Büchleins nur kurz und ansatzweise auf dies Themengebiet eingehen.

Zum Umgang mit Angst

Zum Umgang mit einem unsicheren Hund holt man sich sicherheitshalber Tipps beim erfahrenen Hundetrainer, um Angstverhalten und Unsicherheitsreaktionen nicht zu verstärken.

Bei Angst ist zu unterscheiden, ob es sich um eine Unsicherheit, eine speziell gerichtete oder allgemeine Ängstlichkeit oder vielleicht sogar um eine Phobie handelt. Dies exakt zu bewerten, ist nicht einfach und bedarf einer genauen Kenntnis von Hundeverhalten.

Anzeichen von Unsicherheit und Angst sind u.a.

- Unruhe, Nervosität, Zittern
- Meide- und Fluchtverhalten des Hundes
- Erstarren, Speicheln, geistig abwesendes Verharren
- Konfliktvermeidende Signale, Calming Signals

- Eventuelle Aggressionen (z.B. sogenannte »Angstbeißer«, die nach dem Motto: »Angriff ist die beste Verteidigung!« agieren)
- Futterverweigerung, selbst bei extremen Leckerbissen (Anzeichen für massiven inneren Stress!)
- Körpersprachliche Reaktionen wie Wegschauen bis Wegdrehen des Körpers, geklemmte bis unter den Bauch gedrückte Rute, gekrümmter Rücken.
- Panischer Blick mit weit aufgerissenen, flackernden Augen

Kenntnisse zur Körpersprache von Hunden sind immer notwendig, um Verhaltensweisen und körpersprachliche Signale, wie hier die deutlichen Zeichen der Unsicherheit, korrekt zu deuten.

Eventuelle Ursachen für Angstverhalten

- Keine oder mangelnde Sozialisation im jungen Alter > Alltagsunsicherheit
- Kein, zu wenig oder falscher Sozialkontakt zu Artgenossen > soziale Unsicherheit
- Kein, zu wenig oder falscher Sozialkontakt zu Menschen > soziale Unsicherheit
- Genetische Ursachen
- Negative Erlebnisse
- Falsche Bestätigung durch den Menschen > erlernte Angst
- Übertragung von Mensch auf Hund > Stimmungsübertragung
- Durch ängstliche Mutter vorgelebtes Verhalten > Nachahmungslernen > erlernte Angst
- Krankheitsbedingte Unsicherheit/Angst > schmerz-assoziiertes Verhalten
- Körperliche Defizite (z. B. Sehfehler, Taubheit, Lähmungen); Wissen um Handicap verunsichert!
- Angst vor dem Verlust von wichtigen Ressourcen

Mögliche Therapieansätze

- Der Mensch muss geschult werden, damit er eine Vorbildfunktion einzunehmen erlernen kann. Hausstandsregeln helfen dem Hund und geben Sicherheit. Entscheidungen müssen vom Menschen getroffen werden. Je sicherer, vorhersehbarer und konsequenter dieser agiert und reagiert, desto mehr wird er zur Stütze für den Hund. Auch das richtige Timing für Lob oder Korrektur muss erlangt werden, um dem Hund verständlich die Richtung weisen zu können.

- Eine homöopathische Unterstützung durch einen erfahrenen Tierheilpraktiker kann sehr sinnvoll sein. Zur Verarbeitung oder zum besseren Aushaltenkönnen tiefgreifender Erlebnisse kann eine »innerliche« Hilfe sicherlich nicht schaden. Oft geht es dann plötzlich mit großen Schritten voran!

- Ein professionell arbeitender Hundetrainer mit viel Erfahrung wird dies schnell erkennen und dem Hundehalter gezielt Tipps geben können, die der Hundebesitzer beherzigen sollte. Eine konstruktive Zusammenarbeit von Trainer, Heilpraktiker und Besitzer kommt dem Hund zugute.

- Das Vertrauensverhältnis zwischen Mensch und Hund muss gestärkt werden.

- Gezielte Erziehungsübungen, die dem Hund Selbstsicherheit geben, aber auch die Bindung stärken, sollten forciert werden. Gemeinsam »Unbekanntes« erfolgreich meistern, stärkt das Selbstbewusstsein und das Selbstvertrauen. Unter Umständen müssen aber auch Trainingsschritte gewählt werden, die eine »ungesunde« (im Sinne von zu enger) Bindung auflockern! Auf den ersten Blick erscheint das unlogisch, doch vermag die zu enge Bindung gerade Unselbständigkeit zu fördern und Distanzphasen, z.B., wenn der Hund einmal allein zuhause bleiben muss, unnötig zu erschweren und zu problematisieren. Dabei muss aber immer darauf geachtet werden, dass der Hund nicht psychisch überlastet wird. Zugegeben, eine nicht ganz einfache Gratwanderung.

Zum Umgang mit Aggressionen

Bei aggressivem Verhalten des Hundes ist zu unterscheiden, ob es sich um eine offensive oder defensive Aggression handelt. Dies exakt zu bewerten, ist nicht einfach und bedarf einer genauen Kenntnis von Hundeverhalten. Grundsätzlich ist Aggression nichts Negatives, sondern eine biologisch sinnvolle Funktion. Problematisch ist die übersteigerte, unangepasste Aggression. Verschiedene Formen von Aggressionen bedürfen verschiedener Korrekturansätze!

Eventuelle Ursachen für Aggressionsverhalten

- Keine oder mangelnde Sozialisation im jungen Alter > Aggression aus Unsicherheit
- Kein, zu wenig oder falscher Sozialkontakt zu Artgenossen
- Kein, zu wenig oder falscher Sozialkontakt zu Menschen > z.B. auch sozialmotivierte Aggression
- Negative Erlebnisse
- Falsche Bestätigung durch den Menschen > erlernte Aggression
- Übertragung von Mensch auf Hund > Stimmungsübertragung
- Durch aggressive Mutter vorgelebtes Verhalten > Nachahmungslernen > erlernte Aggression
- Krankheitsbedingte Aggression > schmerzassoziiertes Verhalten
- Körperliche Defizite (z. B. Sehfehler, Taubheit, Lähmungen); Wissen um Handicap steigert Selbstverteidigungsaggression!
- Angst vor dem Verlust wichtiger Ressourcen > Wettbewerbsaggression

Wettbewerbsaggression (Verteidigung von Ressourcen) kann sich auf alles Mögliche erstrecken.

Mögliche Therapieansätze

- Der Mensch muss geschult werden, damit er vorausschauend und angepasst agieren kann und durch sein Verhalten nicht aggressives Verhalten bestärkt. Hausstandsregeln verdeutlichen den unterschiedlichen Status von Mensch und Hund. Entscheidungen müssen vom Menschen getroffen, Privilegien wohlbedacht zugestanden oder auch beschnitten werden. Auch das richtige Timing und die hundverständliche Vermittlung von Abbruchsignalen oder Korrekturen müssen vom Menschen beherrscht werden, um dem Hund die Richtung weisen zu können.
- Ein professionell arbeitender Hundetrainer mit viel Erfahrung rund um das Aggressionsverhalten wird dem Hundehalter gezielt Tipps geben können.

Vom Umgang mit Lob und Tadel

Um sowohl Lob, als auch Tadel bzw. Strafe korrekt anwenden zu können, sind Grundkenntnisse über das Lernverhalten des Hundes und die Erziehungsvermittlung notwendig. Einen Hund zu erziehen bedeutet nicht, ihm »Befehle« zu erteilen, auf deren Nichtbefolgung die entsprechende Strafe auf dem Fuße folgt! Vielmehr ist eine gemeinsame Sprache zu erarbeiten, die ein wichtiges Basiselement zwischen Hund und Mensch darstellt, die Bindung zueinander fördert und hilft, den Hund besser in das Familienrudel zu integrieren. Als soziales Lebewesen, dessen Ahnen in wohlstrukturierten Rudel-/Familienverbänden gelebt haben, fordert der Hund regelrecht Grenzen!

Sie geben ihm Halt, weisen die Richtung und lassen ihn erfahren, wo er innerhalb des Familienverbandes hingehört. Eine antiautoritäre Erziehung ist hierbei ebenso wenig sinnvoll und erfolgversprechend, wie eine Erziehungsform, die sich auf Druck, Gewalt, Ungeduld und Herrschsucht begründet. Es gibt durchaus deutliche Parallelen zur Erziehung unserer Kinder; auch sie suchen und brauchen die Grenzen, um sich sicher, beschützt und geliebt zu fühlen.

Hunde brauchen Grenzen und Regeln – wie unsere Menschenkinder auch.

Der Hund verbindet und verknüpft das von uns Gesagte und Getane nur mit dem, was er selbst gerade macht oder gemacht hat. Er sieht einen Zusammenhang zwischen seiner Handlung und der Reaktion nur dann, wenn sie innerhalb von 1 – maximal 2 Sekunden danach erfolgt. Für uns Menschen ist dies eine enorm kurze Zeitspanne, deshalb müssen wir es gezielt üben. Aber das zahlt sich auch aus.

Eine zu späte Reaktion hat fatale Folgen! So bedeutet dies im Speziellen

für das Loben:

Der Hund freut sich zwar über unsere gute Laune, aber er versteht nicht, dass sie mit seiner eigenen Handlung zu tun hat. Somit erhält er keine Motivation, die Handlung zu wiederholen. Schade!

für die Korrektur/Bestrafung:

Der Hund registriert zwar unsere schlechte Laune, allein unsere Körpersprache und der chemische Geruch verraten uns, noch bevor wir dazu kommen, es stimmlich zu ergänzen, aber dass er mit seinem Handeln daran »schuld« sein soll, das versteht er nicht. Den Hund nun trotzdem zu strafen, wäre für die Bindung zwischen Mensch und Hund absolut nicht förderlich. Bei einem Hund mit schlechter Vorgeschichte wäre es geradezu fatal. Ihren Ärger müssen Sie tief, ganz tief hinunterschlucken.

Haben Sie den Hund nicht »in flagranti« erwischt, so dürfen Sie ihn auch nicht strafen! Versprochen? Und glauben Sie nicht, dass Ihr Fellkumpan ganz genau »weiß«, dass er etwas falsch gemacht hat, weil er mit einem »schlechten Gewissen« auf sie zugekrochen kommt. Er weiß es nicht, und er hat auch kein Unrechts-

empfinden. Er reagiert einzig und allein auf Ihre körpersprachlichen Signale – und die verheißen ihm nichts Gutes!

Wie wird richtig gelobt?

Zum Loben und Bestätigen des Hundes eignen sich Leckerli durchaus gut. Viele Menschen lehnen das Belohnen mit Futter kategorisch ab und sind der Meinung, es wäre nur eine »Bestechung«, ohne die der Hund nichts Richtiges tut. Das ist völliger Unsinn, und letztlich erwarten auch wir Menschen ein angemessenes Lob oder eine entsprechende Zuwendung, wenn wir etwas gut und richtig vollbracht haben. Unser Chef besticht uns nicht, indem er uns unseren Lohn ausbezahlt, sondern er honoriert unsere geleistete Arbeit! Das Leckerchen kann aber für verschiedene Hunde durchaus unterschiedlich ausfallen: verfressene Vierbeiner reagieren schon auf das »normale« Trockenfutter hervorragend, der spezielle Gourmet erwartet besondere Leckerbissen. Doch noch für jeden Vierbeiner ist ein begehrenswertes Schmankerl gefunden worden!

Aber auch mit Streicheln, körperlicher Nähe, Zuwendung, Aufmerksamkeit, Schmusen oder mit einem gemeinsamen Spielchen lässt sich bestens Lob ausdrücken. Es muss halt beobachtet werden, welche Maßnahme in welcher Situation auch wirklich angenehm vom Hund empfunden wird und bei ihm positiv ankommt.

Das einfachste »Werkzeug«, welches zum loben eingesetzt werden kann, ist aber unsere hohe, freundliche Stimme! Mit ihr können wir **zeitgenau**, also mit richtigem Timing, und auch von weiter entfernt agieren. Am Rande sei erwähnt, dass auch Männer durchaus in der Lage sind, eine höhere Stimme einzusetzen...

Der Hund braucht die Hilfe und Unterstützung des Menschen, um sich »richtig« verhalten zu können.

Beim Loben ist es beinah egal, welches Wort benutzt wird, es muss nur langgezogen und mit einer hohen Stimme gesprochen werden. Auf eine tiefe Stimme reagiert der Hund ganz anders, oft verhalten bis eingeschüchtert, deshalb sollte sie nur bei einer Zurechtweisung eingesetzt werden. Probieren Sie es aus! Hunde, die unter Stress stehen, lernen schlechter bis gar nicht. Diesen Hunden muss der Mensch helfen, das »Richtige« tun zu können.

Wichtig:

➡ Vermeiden Sie es, Ihrem Hund nur bei Strafe Beachtung zu schenken! Lernen Sie selbst, auf vom Hund richtig gezeigte Verhaltensweisen zu achten und diese sofort durch Lob zu bestätigen. Lob be- und verstärkt Verhalten – und der Vierbeiner ist motiviert, dies Verhalten immer öfter zu zeigen. Hunde haben im Gehirn ein internes Belohnungssystem. Hat ein Verhalten sich für sie gelohnt, speichern sie es zusammen mit einem angenehmen Gefühl ab. Um das Gefühl erneut zu verspüren, wiederholen sie gerne und bereitwillig die gezeigte Handlung. Dieser Vorgang macht »süchtig«; wie praktisch für uns bei unserer Erziehungsarbeit!

Hundliche Korrekturmaßnahmen

Schauen wir uns doch bei den Hunden ab, wie diese untereinander reagieren, wenn Dinge übertrieben werden, Verhaltensweisen gerügt werden müssen und »Erziehungsmaßnahmen« ergriffen werden. Daraus ergeben sich sinnvolle, vor allem hundverständliche mögliche Vorgehensweisen.

Schnauzgriff

Der Schnauzgriff imitiert das »Über-den Fang-Beißen« des Hundes. Je nach Sensitivität des vierbeinigen Individuums kann er angepasst und angemessen ausgeführt werden. Bei einem empfindlichen Hund reicht es aus, wenn man ihm von oben über den Nasenrücken packt und leicht seitlich zudrückt.

Wenn es kräftiger gehandhabt werden muss, kommt die Hand von hinten und packt den Fang, wobei die Lefzen hinter den Reißzähnen gegen die Kiefer gedrückt werden. Bloß nicht erschrecken, wenn der Hund dabei aufwinselt. Es geschieht eher aus Schreck heraus und nicht vor Schmerz. Auch hat der Hund schnell »den Dreh« raus, wenn der Mensch auf einen Quietscher hin sogleich loslässt ...

Wer seinen Hund und dessen Reaktion kennt, kann zur Unterstreichung diesem dabei noch fest und aus der Nähe in die Augen schauen.

Der Schnauzgriff imitiert das »Über-den-Fang-Beißen«, welches Hunde untereinander zum Korrigieren einsetzen.

Auf den Rücken legen

Hierbei darf in den Nacken gefasst – aber nicht geschüttelt! – werden, da es dort viel Haut zum Festhalten gibt. Manchmal reicht es aus, den Hund kurz nach unten zu drücken, andere müssen komplett auf den Boden gedrückt werden, bis sie sich »ergeben«. Dann gibt es noch die ganz Hartnäckigen, die durch nichts zu beeindrucken sind und auf den Rücken gelegt werden müssen. Dabei bleibt die menschliche Hand am Hals, so kann der Hund sich nicht durch Beißen wehren. Bei manchen Hunden reicht es auch schon, wenn sie nur auf die Seite gelegt und dabei festgehalten werden.

Wenn Sie diese Korrekturmaßnahme begonnen haben, dürfen Sie nicht abbrechen, der Hund würde es als Schwäche bewerten! Sie müssen ihn jetzt so lange festhalten, bis er sich nicht mehr wehrt und widerstandslos in seiner Position verharrt. Erst dann hat er sich ergeben! Verhält er sich aber still und reglos, muss er **sofort** wieder losgelassen werden und man selbst sollte aufstehen und gehen.

Wichtig:

➡ Diese Zurechtweisung bedeutet für den Hund die Höchststrafe und muss dementsprechend sparsam eingesetzt werden!

Ein Fassen in den Nacken – ohne zu schütteln! – ist eine durchaus mögliche Maßnahme zur »Abmahnung«.

Den Hund auf den Rücken zu legen, ist eine massive Einwirkung, die, wenn überhaupt, nur selten angewendet werden sollte.

Nur im Spiel, und dann entsprechend übertrieben, ist der »Nackenschüttler«, die letzte Sequenz aus dem Jagdverhalten, die auf das Totschütteln von Beute abzielt, zu sehen. Niemals sollte er als »Erziehungsmaßnahme« eingesetzt werden.

Ammenmärchen »Nackenschüttler«

Hartnäckig hält sich hier ein Ammenmärchen! Nämlich das, dass eine Wolfs- und/oder Hundemutter angeblich ihre Kinder auf diese Art und Weise maßregelt, wenn sie über die Stränge schlagen. Sollten Sie die Möglichkeit haben, einmal eine Hundemutter im Umgang mit ihren Kindern zu erleben, dann sehen Sie viele Varianten von Erziehungsmethoden: Weggehen, Erstarren, Lefzen kräuseln, Knurren, Runterdrücken, In-die-Luft-Schnappen, Über-den-Fang-Greifen, Umrempeln u.a., doch einen Nackenschüttler werden sie nicht beobachten!

In anderem Zusammenhang erleben Sie den Nackenschüttler aber sehr wohl: Jeder kann irgendwann an seinem eigenen spielenden Hund, wenn dieser mit Spielzeug herumtobt, beobachten, dass dies dabei kräftig durchgeschüttelt wird. Was ist das denn nun? Das Nackenschütteln kommt aus dem Jagdverhalten und stellt die letzte Sequenz, das Töten von Beute, dar. Durch das kräftige Schütteln wird bei kleineren Beutetieren ein Genickbruch verursacht. So bedeutet der Nackenschüttler nichts anderes, als Beute zu töten, und das wird beim Spielen immer wieder »geübt«.

Nach dem Durchschütteln erscheinen Hunde wirklich oft sehr beeindruckt bis extrem verunsichert, aber das ist auch kein Wunder. Ihrer Empfindung nach wollte der Mensch sie gerade töten! Wie würden Sie sich in solcher Situation fühlen?

Wichtig:

→ Strafe muss auf jeden Fall so angewendet werden, dass sie vom Hund verstanden und auf sein Verhalten bezogen werden kann. Bitte denken Sie auch daran, dass gestraft werden für den Hund auch bedeuten kann, Aufmerksamkeit zu bekommen. Vielleicht stellt er nur deshalb etwas an, damit Sie sich ihm zuwenden, auch wenn er dabei geschimpft wird. Wie ein kleines Kind eben.

Bewährte Hilfsmittel

Hilfsmittel in der Hundeerziehung stellen in erster Linie eine Korrekturmöglichkeit dar und sollen dem Hund keine Schmerzen zufügen. Hierbei gilt: So viel Einsatz von Hilfsmitteln wie nötig, so wenig wie möglich.

Halti – Das Kopfhalfter für den Hund

Richtig angewandt ist das Halti eines der hilfreichsten, sinnvollsten, für den Hund unproblematischsten Hilfsmittel mit den meisten Einsatzmöglichkeiten, welches wir in der Hundeerziehung überhaupt haben!

Einsatzmöglichkeiten des Haltis

- Leinenzerren
- Aggressionsverhalten
- Ungleiches Kräfteverhältnis Mensch/Hund
- Jagdverhalten
- Aufmerksamkeitsstörung
- Angstverhalten

Vorteile eines Haltis (korrekte Anwendung vorausgesetzt!)

- Leichte Führbarkeit des Hundes in allen Situationen.
- Blickabwendung vom Reizobjekt sehr leicht möglich.
- Blickkontaktaufnahme zum Menschen durchsetzbar.
- Die Beherrschbarkeit des Hundes wird verbessert. Dies bedeutet nicht nur eine kräftesparende Erleichterung für den Menschen, sondern auch eine psychologisch positive Wirkung, die wichtig ist für beide Seiten.

Der Mensch entspannt sich, was sich auf den Hund überträgt, und verhält sich souveräner. Das wiederum verhindert die Übermittlung von Unsicherheiten.
- Ritualisiertes Verhalten kann unterbrochen werden.
- Jagdverhalten kann durch Verhaltensabbruch besser kontrolliert werden.
- Fügt keine Schmerzen zu.

Nachteile eines Haltis

- Wird vom Menschen leider nicht immer angenommen.
- Wird leider noch immer oft mit einem Maulkorb verwechselt. Der Hundehalter muss deshalb hinter der Halti-Anwendung stehen und im Falle von »dummen Sprüchen« für Aufklärung sorgen. Oft hilft die Gegenfrage, ob denn alle Pferde Maulkörbe tragen?! Ein buntes Halti in Kombination mit farblich passendem Halsband und Leine wirkt lustiger, freundlicher und bewahrt eher vor Blicken und unfreundlichen Aussagen.
- Die Handhabung ist trainingsbedürftig und sollte von einem kompetenten Hundetrainer vermittelt werden. Die Gewöhnung dauert beim Menschen erfahrungsgemäß länger als beim Hund. Die Mühe zahlt sich aber sehr schnell aus.

- Manche Hunde leisten, trotz vorheriger »Trocken-Gewöhnung«, starken Widerstand beim effektiven Gebrauch. Sie bekommen regelrechte Maulsperre und reagieren panisch. Hier müssen die Schritte zur Gewöhnung viel kleiner gewählt und mehr Zeit investiert werden.
- Durch die Erleichterung durch den Halti-Einsatz werden weitere erzieherische Maßnahmen manchmal unterlassen!
- Der Mensch lässt den Hund auch mit Halti ziehen – weil es jetzt nicht mehr so stört!

Ein gut an das Halti gewöhnter Hund lässt sich sicher und einfach führen, ohne dass es ihn in geringster Weise negativ beeinträchtigt.

Wichtig:

→ Das Halti darf nicht allein in Verbindung mit einer langen Leine (3 m oder mehr) verwendet werden! Die Verletzungsgefahr für den Halswirbelbereich, wenn der Hund mit voller Wucht in die Leine laufen und durch das Halti zurückgerissen würde, ist zu groß. Ausnahme bildet nur die 5-Meter-Halti-Spezialleine, die in Kooperation mit Christiane Glanz von der Hundeschule Glanz entwickelt wurde. Diese Leine bietet viele Möglichkeiten, da mehr kontrollierte Bewegungsfreiheit gegeben und das schon Erlernte übernommen und weiterhin ausgebaut werden kann. Davon profitieren Mensch und Hund. Einsatzmöglichkeit und Gebrauch sind aber ausschließlich in Zusammenarbeit mit einem kompetenten Hundetrainer zu erlernen!

Die Schleppleine

Schleppleinen gibt es in unterschiedlichen Längen. In der Regel beginnt das Training mit einer 5 Meter langen Leine. Erst nach dieser Vorarbeit kommt die Radiuserweiterung in Form einer längeren Leine. Bei vielen Hunden ist es nicht möglich, direkt von 5 auf 10 m umzusteigen, bei ihnen kann nur nach und nach ein Meter dazugegeben werden.

Die 10-m-Schleppleine gibt uns die Möglichkeit, Freilauf zu imitieren und somit auch alle Kommandos, die dabei notwendig sind, beizubringen und zu festigen. Das Wichtigste hierbei ist, dem Hund zu vermitteln, sich in einem erlaubten Radius von 10 Metern um uns herum zu bewegen und in diesem zu bleiben. Wir Menschen haben »nur« zwei statt vier Beine und sind nicht besonders schnell. Deshalb sollte die Bewegungsfreiheit des Hundes auf unsere Einschränkungen ausgerichtet sein. Im 10-Meter-Radius haben wir noch Einwirkungsmöglichkeit. Darüber hinaus aber nicht mehr – und das sollte der Hund nicht unbedingt auf die Nase gebunden bekommen!
Die 10 Meter werden vom Hund beim späteren Freilauf auf ca. 12 Meter ausgedehnt. Mehr sollte es auch nicht sein dürfen, es sei denn, er wird mit entsprechendem Kommando »entlassen« und darf nach Herzenslust laufen, springen und toben.
Während des Arbeitens mit einer Schleppleine muss der Mensch lernen, wie er sich zum Mittelpunkt für den Hund macht. Das ist nicht leicht, aber es ist das A und O für den späteren erfolgreichen Rückruf im Freilauf.
Ganz am Anfang darf die Leine ruhig etwas schwerer sein. Gerade große Hunde müssen zuerst lernen, wohin mit ihren langen Beinen. Außerdem tut es manchen Hunden sehr gut, wenn sie etwas Schwereres ziehen müssen. Bestimmte Verhaltensweisen (z. B. immer wieder in die Leine zu rasen!) wird hier eher abgelegt.
Nach der Eingewöhnungsphase kann das eigentliche Arbeiten beginnen. Nun sollte aber unbedingt auf eine dünnere Schleppleine umgestiegen werden. Der Hund muss es vergessen können, dass er angeleint ist. Nur so wird er Fehler machen, und wir haben die Chance zur Korrektur, was ihm ein Lernen ermöglicht.

Bei einem direkten Umstieg von einer dicken Schleppleine auf unkontrollierten Freilauf, wäre die Fehlerquote immer noch sehr hoch. Danach haben schon viele Menschen aufgegeben, gestehen ihrem Hund entweder einen chaotischen Freilauf zu oder führen ihn nur noch an der kurzen Leine spazieren. Beides ist absolut nicht akzeptabel!

Ein Hund, der nicht gehorcht, darf nicht unangeleint laufen, aber ihn immer nur an der kurzen Leine zu führen, ist absolut keine Lösung, sondern geht in Richtung Tierquälerei. Es darf nicht vergessen werden, dass Hunde Lauftiere sind. Egal, ob groß oder klein. Es liegt also in der Verantwortung des Menschen, eine gesunde Lösung für den Hund zu finden. Auch, wenn dies eine erhebliche Zeitinvestition bedeutet. Diese Aussage kommt nicht bei jedem Hundehalter gut an, gerade nicht in den Zeiten, wo Hunde häufig eine Katzen-(Hunde-)Toilette zur Verfügung gestellt wird, um Spaziergänge gänzlich zu vermeiden. Wirklich erschreckend!

Wichtig:

➜ Für viele erwachsene Tierschutzhunde ist der 10-Meter-Radius ungeeignet und nicht umsetzbar. Mit Ruhe und Geduld empfiehlt es sich, mit einer 15-Meter-Leine zu beginnen und diese systematisch in kleinen Schritten zu verkürzen. Die Erfahrung zeigt, dass eine sinnvolle Länge oft bei 12 Metern liegt, einem Radius, bei dem die angestrebten Lernerfolge gut zu erzielen sind und der Hund erreichbar bleibt. Es gibt immer für alles Ausnahmen – man muss sie nur erkennen können!

Der Clicker

Ein Clicker ist ein konditionierter Positiv-Verstärker, dessen Geräusch an einen Knackfrosch erinnert. Das »Click« steht für ein Versprechen (oft Futter), welches **immer** eingelöst werden muss! Durch »Click und Belohnung« soll der Hund selber herausfinden, was von ihm gewünscht wird. Er lernt somit schneller, zuverlässiger und mit viel Spaß.

Einsatzmöglichkeiten des Clickers

● **Bei der Erziehung**
Gerade bei Junghunden ist der Einstieg in die Erziehungsarbeit mit Clicker sehr erfolgreich und macht ihn generell offen für das Thema.
Aber auch bei Hunden, speziell Tierheimhunden, die die sogenannte Unterordnung »satt« haben oder sogar aggressiv darauf reagieren, ist er sehr erfolgreich. Hier besteht die Möglichkeit, sie Erziehung völlig neu und ohne Druck kennenlernen zu lassen.

Ein wichtiger, sinnvoller Neuanfang kann angesetzt werden!

● **Beim Aufbau von Ersatzhandlungen/Alternativverhalten**
Statt nur Fehlverhalten schimpfend zu begegnen und unterbinden zu wollen, wird auf das Positive Wert gelegt. Mit der richtigen Motivationsgrundlage kann der Mensch es »sich leisten«, Fehlverhalten zu ignorieren, um nur das »richtige« Verhalten zu bestätigen. Eine Bereicherung für beide Seiten und ein völlig neuer Weg, der sogar schneller vorangeht und allen Beteiligten Spaß macht.

● **Bei der Beschäftigung und Auslastung des Vierbeiners**
Sogar in den engsten Räumen des Hauses kann der Hund mittels Clicker sinnvoll ausgelastet werden. Tolle Möglichkeiten bieten sich selbst dann, wenn der Mensch einmal kränkelt und nicht so belastbar ist. Spiele und Tricks können auch bei der Erziehung hilfreich sein. Hauptsache man erreicht es, den Hund glücklich und zufrieden zu machen!

Vorteile des Clickers

● Der Clicker hat 24 Stunden lang gute Laune – der Mensch nicht!
● Erwünschtes Verhalten, korrekte Handlungen können sekundengenau, auch aus der Distanz, betätigt werden.
● Clickern stärkt die Mensch-Hund-Bindung und verbessert die Kommunikation.
● Ängstliche und aggressive Hunde können »erreicht« werden.

»Nachteile« des Clickers

- Die Motivationsgrundlage Futter wird nicht gerne vom Menschen gefördert. »Der Hund soll auch ohne Futter gehorchen lernen.« Dazu kann nur angemerkt werden: Alles hat seine Zeit!
- Es gibt immer Menschen, die mit dem exakten Timing, also mit der Zeit zwischen der Handlung des Hundes und der Ausführung des Clickgeräusches, Probleme haben. Deshalb ist es grundsätzlich empfehlenswert, ein vorheriges Timing-Training durchzuführen.
- Nicht jeder Hund ist motiviert, auch nicht jeder Mensch.

Der Maulkorb

Auch ein Maulkorb ist ein Hilfsmittel, niemals aber eine Strafe! Wir sprechen aber hier von einem »richtigen« Maulkorb und nicht von der Nylon-Maulschlaufe! Wichtig ist, dass der Korb gut sitzt und tadelos passt. Der Hund muss auch mit Maulkorb hecheln können, da er während des Tragens oft unter Stress steht. Er sollte außerdem Leckerchen annehmen und Wasser trinken können.

Mit Maulkorb erhält der Hund eine Chance, ein anderes Verhalten an den Tag zu legen, statt des oft selbsterlernten Fehlverhaltens. Auch der Besitzer kann ruhiger, weil weniger ängstlich, mit dem Hund agieren. Es kann ja nun nichts mehr passieren ...

Die Hundepfeife

Der Vorteil einer Hundepfeife liegt auf der Hand: Sie wird eher gehört als die Stimme des

---

> **Wichtig:**
>
> An einen Maulkorb muss der Hund umsichtig gewöhnt werden. Manche Hunde nehmen ihn schnell als gegeben hin, andere brauchen etwas mehr Zeit. Die unterschiedlichen Reaktionen sind direkt beim Anziehen bereits zu erkennen, und dementsprechend kann darauf eingegangen werden. Das Hinzuziehen eines Hundetrainers ist sinnvoll!

Menschen – vor allem dann, wenn der Hund schon gelernt hat, diese zu überhören ...
Wichtig ist, dass der Hund vor dem gezielten Einsatz auf die Pfeife konditioniert wird.

Spielzeug

Richtig eingesetzt ist Spielzeug etwas sehr Wichtiges. Es kann den Menschen in den Interessenmittelpunkt des Hundes stellen. Wichtig zu beachten ist, dass wir hier von einem Beuteersatz sprechen, und darüber entscheidet der Mensch. Besonders draußen kann Spielzeug eingesetzt werden, um das Interesse des Hundes beim Menschen zu halten. Je nach Hundetyp und besonders am Anfang einer Bindungsbeziehung muss der Spaziergang bedeuten, gemeinsam etwas zu tun. Gemeinsame Aktionen mit Ersatzbeute können Apportierspiele sein, aber auch diverse Suchspiele oder Geruchsidentifikationsaufgaben.

> **Wichtig:**
>
> Der Mensch entscheidet, wann das Spiel beginnt und wann es beendet wird.

Ein Fallbeispiel aus der Praxis

Schäferhunde und deren Mixe gibt es auffallend häufig in Tierheimen.

Zum Schluss unseres Buches möchten wir ein Fallbeispiel aus der Praxis anführen, welches stellvertretend für viele ähnlich verlaufende Problemverhaltensweisen von Tierheimhunden stehen mag, mögliche Trainingsansätze aufzeigt und – völlig unnötige und vermeidbare! –Rückschläge nicht verheimlicht.

Eines Tages kam ein Hilferuf aus Süddeutschland. Die Familie hatte sich in einen Hund, der in einem hessischen Tierheim weilte, verguckt. Am Wochenende waren sie den langen Weg mit dem Wohnmobil angereist, um ihn kennenzulernen. Er hat allen Erwartungen entsprochen, und es hat zwischen Mensch und Hund »gefunkt«.
Voller Freude wollten sie ihn sofort mitnehmen, was sich aber als völlig unmöglich herausstellte!

Der Hund hatte panische Angst, nicht nur vor dem Wohnmobil, sondern vor Autos generell. Sobald er nur in die Nähe von Fahrzeugen kam, stellte er sich blitzschnell auf die Hinterbeine hoch und warf sich mit voller Wucht nach hinten! Wir sprechen hier von einem ca. 40 kg schweren Schäferhund-Mix Rüden von ca. 2 Jahren. Verständlich, dass man sich ihn nicht »einfach unter den Arm klemmen« konnte! Außerdem schnappte er wie wild um sich, als versucht wurde, ihn festzuhalten und hochzunehmen, was völlig verständlich in dieser Situation war. Die Familie wollte das Verhalten nicht verschlimmern und ist vorerst alleine heimgekehrt.

Leider wurde dieses Verhalten vorher nicht als problematisch erkannt und entsprechend im Training angegangen. So sahen sich nun alle Beteiligten mit diesem Dilemma konfrontiert. Bei der neuen Familie müsste der Hund auf jeden Fall 3–4 Mal am Tag in unterschiedliche Autos steigen und am Wochenende zu Bergwanderungen mit dem Wohnmobil unterwegs sein. Überall dabei zu sein und hundgerechte Unternehmungen zu erleben – eigentlich ein Traum für einen Hund. Doch was tun, wenn der Hund aufgrund seiner psychischen Verfassung dies nicht genießen kann?

Die Leute wollten den Schäfer-Mix nicht aufgeben, er war schon in ihren Herzen, und sie wollten alles versuchen, um ihm ein Zuhause zu bieten. So suchten sie eine erfahrene Hundetrainerin in der Nähe des Tierheims auf. Ihr Traum war, dass der Hund völlig entspannt in

Viele Schäferhundtypen haben Skelettprobleme, was zu schmerzassoziiertem Verhalten und zu Verweigerungen z.B. bei Sprüngen, Treppenlaufen u.a. führen kann.

verschiedene Autos einsteigen und mitfahren würde. Dieser Traum sollte Realität werden, egal, wie lange das Training auch dauern würde. Es war wirklich eine Freude für die Trainerin, diese Arbeit aufzunehmen. Menschen mit Herz, Engagement und Vorfreude auf den neuen Hausgenossen standen dahinter, und für den Hund war ein geeignetes Zuhause in Aussicht.

Zwischen der Kontaktaufnahme der Familie und dem gezielten Trainingsbeginn wurden die Hüften des Hundes geröntgt. In Hinblick auf die geplanten Bergwanderungen wollte man sicher gehen, dass eine eventuelle Hüftgelenksdysplasie (HD) diesen Vorhaben nicht im Wege stehen würde. Lediglich eine »leichte HD« wurde bestätigt. Allerdings zeigte das Gangwerk des Hundes absolut keine »Leichtigkeit«.

Die Problematik wird angegangen ...

Beim ersten Zusammentreffen der Trainerin mit dem Hund ging es vorrangig um das gegenseitige Kennenlernen. Dies wurde durch die 5-Meter-Leine erleichtert. Das anschließende Austesten des Hundeverhaltens gegenüber Autos hat die persönlichen Aussagen der zukünftigen Besitzer bestätigt. Es ging hier nicht um normales Angstverhalten.

Eine Erklärung war auch unter Berücksichtigung der Vorgeschichte nicht herauszufinden. Es musste mit dem gearbeitet werden, was der Hund zeigte.

Trainingsansätze

Beim nächsten Unterricht ging es darum, das Vertrauen des Hundes zur Trainerin aufzubauen. Dabei musste aber auch klar herausgestellt werden, wer, wann, welche Entscheidungen trifft.

Der Auslöser des Angstverhaltens bestand aus einer Kombination von Schlüsselreizen, wie sich bald herausstellte. Zum einen war es die Nähe zum Auto, zum anderen der Autoschlüssel, wobei es egal war, ob eine automatische Türöffnung klackte oder nur das Schlüsselgeräusch zu vernehmen war. Beides getrennt voneinander zog keine so heftige Reaktion nach sich.

Es musste also mit dem Schlüsselgeräusch und der Nähe zum Auto angefangen werden. Diesbezüglich wollte die Trainerin den Hund desensibilisieren, sie entschied sich, den Clicker als Hilfsmittel einzusetzen. Obwohl mittlerweile festgestellt wurde, dass der Schäfer-Mix sehr unsicher auf verschiedene Geräusche reagierte, verlief das Konditionieren auf einen Softclicker ohne Probleme. Hätte die Trainerin es aber ohne vorherigen Vertrauensaufbau versucht, wäre sie sicherlich gescheitert!

Ein Auto auf- und zuzuschließen wurde aus verschiedenen Perspektiven und in diversen Situationen geübt. Es ging sehr schnell voran. Danach ging es darum, die Türen zu öffnen und zu schließen, ohne dass der Hund darauf panisch reagierte.

Im nächsten Schritt ging der Hund sogar schon von alleine mit dem Vorderkörper auf die Ladefläche des Kofferraums.

Es wurde immer das Verhalten des Hundes angenommen, welches von ihm bereitwillig angeboten wurde, und es wurde stets mit einem Erfolg aufgehört. Bei den folgenden Übungsstunden wurde häufig erst ein Schritt zurückgegangen, um sehen zu können, ob er auch an diesem Tag zu dem bereits Erreichten in der Lage war.

Das Auto wurde immer an einem anderen Ort geparkt, damit die Übungen nicht nur ortsgebunden positiv ausfallen würden. Nachdem der Hund zum ersten Mal von alleine in den Kofferraum gesprungen war, wurde auch sofort das Auto gewechselt!

Um die Übungen nicht zu sehr nur auf das Auto zu konzentrieren, wurde der Clicker zusätzlich für einfache Übungen wie »Sitz«, »Guck«, »Platz«, »Such« und »Hier« mit eingesetzt. Und quasi ganz nebenbei lernte das Fellknäuel diese mit. Aber auch unterschiedliche Trainingsaufbauten rund um die Vertrauensentwicklung und -stärkung wurden weiterhin beibehalten. Hierbei kam auch die 10-Meter-Schleppleine zum Einsatz.

Während des Trainings hat sich herausgestellt, dass der Hund auf den Hinterbeinen nicht stabil ist und seine Muskulatur nur mäßig ausgeprägt war. Dadurch hatte er Koordinationsprobleme, die für das Springen ins Auto schlecht waren. Außerdem zeigte er immer eine Schonhaltung, er legte sich lieber sofort hin, als auch nur kurz sitzen zu bleiben. Aus diesem Grund wurde er mit unterschiedlichen »Hindernis-Parcours« konfrontiert: Klettern, um die Hinterläufe zu trainieren, Slalom, um die Koordination zu verbessern, niedrige Wippen, um den Gleichgewichtssinn zu stärken usw.. Diese Übungen konnten im Wald genauso gut durchgeführt werden, wie unter Zuhilfenahme mitgebrachter Gegenstände in normaler Alltagsumgebung.

Alles verlief wunderbar, der Hund machte sehr gute Fortschritte! Schon in der sechsten (!) Trainingsstunde ist er mehrfach in den Kofferraum gesprungen und hat sich dort entweder entspannt hingesetzt oder hingelegt. Jetzt hatte er endlich auch Spaß dabei! Das war sehr schön mit anzuschauen und ausreichend Lohn

Das gezielte, ruhige Training mit Rocky brachte schnelle Fortschritte, was uns alle sehr freute.

für alle Mühen. Das nächste Ziel war nun, dass er auch eine längere Zeitspanne ruhig im Auto verbleiben konnte. Dafür musste die Heckklappe geschlossen werden, doch sofort reagierte er wieder panisch, obwohl er vorher völlig relaxt im Auto gelegen hatte. Also wurde die Übung wieder in ganz kleine Übungsschritte eingeteilt. Mit Erfolg!

Aufgrund der Reaktionen bei Hundebegegnungen begann die Trainerin den Vierbeiner während der fünften Übungsstunde an ein Kopfhalfter zu gewöhnen. Sie selbst hatte zwar keine Probleme mit dem Hund in derartigen Situationen, aber sie registrierte die Ansätze und bemerkte die Reaktionsbereitschaft des Tieres. Deshalb wollte sie den nächsten Besitzern eine Erleichterung beim Umgang mit diesem 40-Kilo-Hund mit auf den Weg geben. Sicherlich kommt es hier auf die Bindung zwischen Mensch und Hund an, aber vor allem auf den Umgang mit ihm in derartigen Situationen. Wie schon erwähnt, werden hier die meisten Fehler gemacht, und das Verhalten verschlimmert sich sehr schnell.

Leider entschied sich die Familie während des mehrwöchigen Trainingsverlaufs letztlich doch gegen den Rüden. Der Tierarzt ihres Vertrauens hatte ihnen aufgrund des Röntgenbefundes dringend von der Übernahme abgeraten! Doch emotional waren sie mit dem Hund verbunden, und so unterstützten sie finanziell weiterhin den Unterricht und verfolgten die Fortschritte mit großem Interesse. Sie wollten ihm im Rahmen ihrer Möglichkeiten helfen und hofften, dass er gut vermittelt werden würde. Die Freude über das gelungene Endziel war dann auch auf allen Seiten groß!

Nach dem durchweg gelungenen Training hinterlegte die Trainerin eine Spende ans Tierheim in Form einer Einzelstunde für die neuen Besitzer. Das Tierheim war kontinuierlich über den Trainingsverlauf informiert und wusste von den Fortschritten. Leider hatten sie davon aber offenbar nichts angenommen und dazugelernt, wie sich noch herausstellen sollte …

Ein paar Monate später wurde der Rüde schließlich vermittelt. Kurz danach konnte die Trainerin erfreut die neuen Besitzer telefonisch kennenlernen. Leider wohnten sie nicht gerade um die Ecke. Bei diesem Telefonat erzählten sie ihre Geschichte und was sie sonst noch vom Tierheimpersonal erfahren hatten. Was die Trainerin hörte, stimmte sie traurig:
Inzwischen weigerte der Hund sich wieder ins Auto zu springen!? Im Tierheim hatte man ihn der neuen Familie einfach zwischen Tür und Angel in das Fahrzeug gesetzt, ohne Geduld, ohne Ruhe, ohne Rücksichtnahme auf sein Sträuben! Weiterhin erzählten die Leute, dass sich vor der Übernahme noch ein drastisches Ereignis im Tierheim zugetragen hat. Über eine Stunde war der Arme allein in einem fremden Auto eingeschlossen gewesen. Erst ein Schlüsseldienst konnte ihn befreien und erlösen! Die Trainerin war fassungslos. Was musste dieses Erlebnis für einen Schock ausgelöst haben. Dazu fällt einem einfach nichts mehr ein.

Nach mehreren Telefonaten mit der Trainerin äußerten die frischgebackenen Hundebesitzer den Wunsch nach einem Hausbesuch. Sie selbst konnten mit dem Hund ja nicht mit dem Auto zu ihr kommen! Erwartungsvoll fuhr sie los.

Selbst nach Rückschlägen erinnerte sich Rocky an sein Clicker-Training, und bald konnten wieder Erfolge verbucht werden.

Und nun zeigte sich der tiefsitzende, positive Erfolg eines Clicker-Trainings. Der Hund kannte das Auto noch, hatte aber zuerst nicht das Vertrauen, trotz Erkennen hineinzuspringen. Die Kombination aus bekannter Person, dem Auto, das Erkennen des Futtergeruchs und dem Clickgeräusch hat schon nach acht Minuten dazu geführt, dass er seine Angst überwinden konnte. Das Eis war gebrochen und er sprang nun ständig raus und rein, begeistert von seinem erzielten Erfolg, dem Click und dem Jackpot, einer ganzen Hand voll Futter!

Nach einer kurzen Pause wurde es dann mit dem Auto der neuen Familie versucht. Innerhalb von 10 Minuten konnte auch hier Erfolg verbucht werden. Er sprang von alleine hinein und legte sich sogar hin. Die Besitzer erhielten einen Clicker, eine Kurzeinweisung ins Clicker-Training und die Hausaufgabe, diese Übung zu festigen und dann vorsichtig so zu steigern, dass ein Fahren mit dem Auto in Zukunft problemlos möglich sein würde.
Leider hatten sich die Befürchtungen der Hundetrainerin in Bezug auf die Hundebegegnungen auch bewahrheitet. Wegen der mittlerweile schon recht heftigen Reaktionen wurde den engagierten und hochmotivierten Hundehaltern eine Kollegin in der Nähe empfohlen.

Schlussbemerkung

Der Inhalt dieses Buches beruht auf der mehr als zehnjährigen, praktischen Arbeit mit Tierheimhunden. Unser eigenes Interesse, uns auch von Hunden aus zweiter Hand begleiten zu lassen und/oder diese auf ihrem Weg in ein neues Zuhause zu begleiten, deckte viele Fragen, Fallstricke und Missverständnisse auf. In all den Jahren haben sich dadurch sehr viele Erfahrungen zusammengesammelt. Daraus zu lernen und sich selbst weiterentwickeln zu können, ist sehr wertvoll.
Ein großes Dankeschön gebührt daher all den Hunden, die dazu beigetragen haben – ob sie es nun wollten oder nicht ...
Die Arbeit war nie umsonst. Es kann nur jedem Hundefreund empfohlen werden, die Arbeit mit Tierheimhunden zu suchen und durch die Fülle an Erfahrungen dazuzulernen.

Von erfolgreich verlaufenen Vermittlungen zu hören, glückliche Hunde und zufriedene Hundehalter zu sehen, ist eine enorme Bereicherung!

Autorenportraits

Ann-Sophie Griebel ist seit 1996 selbständig arbeitende Hundetrainerin mit eigener Hundeschule »Hunde-Alltag« im Kreis Darmstadt-Dieburg. Seit vielen Jahren engagiert sie sich im Tierschutz für Hunde »aus zweiter Hand« und wird selber von solchen begleitet. Die Art und Weise ihrer Hundeerziehung basiert auf mehr als zehnjähriger Erfahrung in der Arbeit mit Tierheimhunden. Auch als Autorin und Referentin rund um das Thema Hund hat sie sich einen Namen gemacht. Sie selbst stammt aus Schweden und hat bereits seit frühester Jugend Interesse am Vierbeiner. Dabei beschäftigte sie schon immer die Frage, wie vorhandenes Verhalten entsteht und vom Menschen hundgerecht beeinflusst und geformt werden kann.

www.hunde-alltag.de

Petra Krivy wird seit Kindheitsbeinen an von Hunden begleitet, dabei ging der Weg vom reinrassigen Dackel bis zum Mischling aus dem Tierheim. Seit 1989 züchtet sie Slovensky Cuvac »vom Wolfshorn«, seit 1999 leitet sie die Hundeschule »Tatzen-Treff« im sauerländischen Kreis Olpe. Sie schreibt Fachartikel für Hundezeitschriften, ist Buchautorin, gefragte Referentin, Spezialzuchtrichterin im VDH und fungiert als externe Sachverständige für das Land NRW. Als Hundetrainerin widmet sie sich schwerpunktmäßig der Mensch-Hund-Beziehung und leistet Hilfestellung beim Umgang mit verhaltensauffälligen Hunden. Obwohl sie für alle Fragen rund um den Hund zur Verfügung steht, gilt ihr besonderes Interesse und Engagement den Herdenschutzhunden.

www.tatzen-treff.de

Unsere Erfolgsreihen auf einen Blick

Die Reitschule

Urte Biallas, **Bodenarbeit**, ISBN 978-3-275-01708-9

Kerstin Diacont, **Grundkurs Sitz und Hilfen**, ISBN 978-3-275-01707-2

Kerstin Diacont, **Dressur für Fortgeschrittene**, ISBN 978-3-275-01749-2

Angelika Schmelzer, **Pferde erziehen**, ISBN 978-3-275-01709-6

Angelika Schmelzer, **Reiten im Gelände**, ISBN 978-3-275-01748-5

Britta Schön, **Hufschlagfiguren und Lektionen E bis A**, ISBN 978-3-275-01728-7

Britta Schön, **Mein erster Turnierstart**, ISBN 978-3-275-01777-5

Sigrid Weppelmann/Sandra Mensmann, **Longieren**, ISBN 978-3-275-01727-0

Sigrid Weppelmann, **Basispass Pferdekunde**, ISBN 978-3-275-01750-8

Inga Wolframm, **Angstfrei reiten**, ISBN 978-3-275-01729-4

Inga Wolframm, **Springen für Einsteiger**, ISBN 978-3-275-01776-8

Die Hundeschule

Annegret Bangert, **Begleithundprüfung**, ISBN 978-3-275-01779-9

Ann-Sophie Griebel, **Clicker-Training**, ISBN 978-3-275-01714-0

Micaela Köppel, **Spiel und Spaß für jeden Tag**, ISBN 978-3-275-01732-4

Petra Krivy/Ann-Sophie Griebel, **Ein Hund aus zweiter Hand**, ISBN 978-3-275-01780-5

Petra Krivy/Angelika Lanzerath, **Was ein Welpe lernen muss**, ISBN 978-3-275-01689-1

Petra Krivy/Angelika Lanzerath, **Hunde verstehen**, ISBN 978-3-275-01756-0

Petra Krivy/Angelika Lanzerath, **Einfach gut erzogen**, ISBN 978-3-275-01731-7

Petra Krivy/Angelika Lanzerath, **So geht's nicht weiter**, ISBN 978-3-275-01713-3

Uta Reichenbach/Tanja Sinner, **Agility**, ISBN 978-3-275-01660-0

Uta Reichenbach/Gabriele Lehari, **Sinnvolle Beschäftigung**, ISBN 978-3-275-01645-7

Monika Schaal/Ursula Breuer, **Komm zu mir!**, ISBN 978-3-275-01623-5

Monika Schaal/Ursula Daugschieß-Thumm, **Lockere Leine**, ISBN 978-3-275-01621-1

Julia Schuster/Jochen Schleicher, **Dog Frisbee**, ISBN 978-3-275-01755-3

Beate Schwarz, **Dummy-Training**, ISBN 978-3-275-01690-7

Manuela van Schewick, **Apportieren mit Spaß**, ISBN 978-3-275-01754-6

Christiane Wergowski, **Alleine bleiben**, ISBN 978-3-275-01659-4

happy cats

Nina Ernst, **Willkommen Katze**, ISBN 978-3-275-01781-2

Nina Ernst, **Zufriedene Stubentiger**, ISBN 978-3-275-01760-7

Gabriele Müller, **Miau – Katzensprache richtig deuten**, ISBN 978-3-275-01782-9

Jedes Buch mit 96 Seiten,
ca. 80 Abb., broschiert,
je € 9,95/sFr 18,90/€(A) 10,30